污泥处理与资源化 丛书

# 污泥循环卫生填埋技术

朱　英　张　华　赵由才　编著

北　京
冶金工业出版社
2010

# 内 容 简 介

本书涵盖了污泥循环卫生填埋技术的各个方面,内容主要包括:填埋污泥的特性、污泥填埋预处理技术、污泥循环卫生填埋工艺、污泥填埋场稳定化进程及加速污泥稳定化技术、矿化污泥开采及资源化利用方式、填埋污泥样品的监测与分析、现场运行管理和工程实例等。

本书是《污泥处理与资源化丛书》中的一册,可供污水处理、污泥处理、卫生填埋工程设计和管理人员、大中专师生和科研人员参考。

## 图书在版编目(CIP)数据

污泥循环卫生填埋技术/朱英,张华,赵由才编著. —北京:冶金工业出版社,2010.5

(污泥处理与资源化丛书)

ISBN 978-7-5024-5246-9

Ⅰ.①污… Ⅱ.①朱… ②张… ③赵… Ⅲ.①污泥处理—研究 Ⅳ.①X703

中国版本图书馆 CIP 数据核字(2010)第 066190 号

出 版 人　曹胜利
地　　址　北京北河沿大街嵩祝院北巷 39 号,邮编 100009
电　　话　(010)64027926　电子信箱　postmaster@cnmip.com.cn
责任编辑　钱文涛　美术编辑　张嫒嫒　版式设计　葛新霞
责任校对　刘　倩　责任印制　牛晓波
ISBN 978-7-5024-5246-9
北京印刷一厂印刷;冶金工业出版社发行;各地新华书店经销
2010 年 5 月第 1 版,2010 年 5 月第 1 次印刷
787 mm×1092 mm　1/16;10.5 印张;248 千字;152 页
**35.00 元**

冶金工业出版社发行部　电话:(010)64044283　传真:(010)64027893
冶金书店　地址:北京东四西大街 46 号(100711)　电话:(010)65289081
(本书如有印装质量问题,本社发行部负责退换)

# 《污泥处理与资源化丛书》

# 编 委 会

# 丛书序言

随着社会经济的快速发展和城市化水平的不断提高,工业污水和生活污水的排放量日益增多,污水处理厂污泥产量急剧增加。据统计,2006年我国城市污水处理厂产生污泥(含水率80%)高达15000 kt,是生活垃圾清运量的8%。我国环境保护"十一五"规划明确要求,到2010年,所有城市的污水处理率不低于60%。我国住房和城乡建设部计划从2006年到2010年,新建城市污水处理厂1000余座,污水处理能力将由2005年的12000 kt/d增加到50000~60000 kt/d,污水处理厂污泥(含水率80%)年排放量将达到30000 kt。

另外,我国紧邻城市的河流和湖泊已经受到严重污染,含有高浓度重金属和有毒有机物的底泥急需挖掘、疏浚和处理。有些湖泊的底泥,其有机物含量很高,污水处理厂处理污泥的方法也适合于处理湖泊底泥。

为方便起见,本丛书把污水处理厂污泥和受到严重污染的河流湖泊底泥一起统称为污泥。但是,在可能的情况下,仍然会把污水处理厂污泥和河流湖泊底泥分别描述。

我国城市污水处理厂污泥处理起步较晚,与国外先进国家相比,我国的污泥处理和处置技术还有一定差距。我国大多数较早建设的污水处理厂没有完善的污泥处理系统,新建的规模较大的污水处理厂虽然一般都有比较完善的污泥处理工艺,但真正完全投入运行且运行情况良好的污水处理厂还不多,其中,利用污泥消化产生的沼气发电的就更少了。究其原因,一方面是我国经济实力所限;另一方面是我国污泥处理起步较晚,缺乏设计及运行经验,管理规范不健全、资金投入不足,缺少成套处理处置技术设备以及足够数量的管理和科技人才。

污泥中含水率很高,其中高含量有机物寄生着各种细菌、病毒和寄生生物,同时,污泥中还浓缩着锌、铜、铅和镉等重金属化合物以及有毒化合物、杀虫剂等。污泥结构的复杂多变性决定了对其进行高效处理存在一定的难度。

在污泥堆肥方面,通过添加木屑、块状物等材料增加污泥孔隙率,降低污泥含水率,以实现强制通风。污泥堆肥存在的主要问题是污泥所含重金属和盐量往往高于有机肥,使用受到限制。必须指出的是,未经适当处理的污泥,是不允许农用的,也无法作为绿化有机肥使用。

在污泥干化焚烧方面,一般采用相变干化技术,含水率可从80%下降到50%~60%,热值大幅度提高,从而实现污泥的高效焚烧。不过,因焚烧过程耗能较大,所以限制了干化焚烧的应用。

在污泥厌氧发酵方面,技术比较成熟,一般厌氧发酵厂紧邻污水处理厂建设,厌氧发酵厂的沼液可回污水处理厂处理,也可进一步好氧堆肥后利用。厌氧发酵在我国存在的问题是二沉池污泥含有过高的砂和渣,在厌氧发酵过程中,这些砂和渣沉积在管道和发酵罐底部,严重堵塞管路。

在今后相当长的时间里,污泥卫生填埋仍然是我国污泥处理最重要的方法之一。一个城市在选择污泥出路时,首先应该考虑的就是卫生填埋。卫生填埋场建设周期短,投资相对较低,可以分期投入,管理方便,现场运行比较简单。另外,填埋场污泥降解速度较快,若干年后可进行开采和利用,腾出的空间可用来重新填埋新鲜污泥。因此,填埋场应视为污泥处理的反应器和中转站,而不是最终归宿,是一种低成本的可持续污泥处理方法。然而,污泥填埋作业也存在一些困难:由于脱水后污泥含水率仍较高,污泥在作业机械碾压时呈现很强的流变性,在污泥推铺和压实过程中,压实机和推土机容易打滑甚至陷入泥中;另外,由于污泥中高含量的有机质的亲水性,在雨季进行污泥填埋后,可能导致填埋场成为人工沼泽地,使后续填埋作业无法进行,严重影响填埋场正常运行。

在污泥资源化方面,主要包括制砖、烧水泥、热解等,目前这些处理技术还在发展之中。污泥资源化的主要问题是消纳量偏小,污泥所含的盐影响了产品的质量和使用范围。

在受污染底泥的处理与资源化方面,工程应用实例极其有限。实际中,一些河流和湖泊的底泥疏浚后堆放在岸边而未加无害化处置,造成了二次污染。

近年来,我国陆续出版了几种关于污泥处理的著作,对污泥处理与资源化事业的发展起了重要的推动作用。然而,因缺乏相关资料,一些著作在污泥卫生填埋、堆肥、厌氧发酵方面的描述存在一些欠缺。本丛书根据作者多年来在污泥方面的研究成果,结合国内外的公开报道,系统地描述了污泥处理与资源化各方面的最新进展,力求避免已出版著作中的不足,理论联系实践,重在指导性和应用性。本套丛书主要内容包括污泥管理与控制政策、污泥表征与预处理技术、污泥循环卫生填埋技术、污泥生物处理技术、污泥干化与焚烧技术、污泥资源化利用技术及污泥处理与资源化应用实例等,可供从事污泥处理与资源化研究、技术研发、应用的人员参考。

赵由才

2009 年 12 月

# 前　言

　　污泥处置已经成为我国目前亟待解决的环保问题。我国早期建设的污水处理厂,大多将污水处理和污泥处理剥离,简化甚至忽略污泥处理处置,存在严重的"重水轻泥"现象。目前,国内只有北京、上海、广州等少数大城市对污水处理厂污泥进行了严格的处理处置或者资源化利用。全国绝大多数污水处理厂的通常做法是,将未经处理或者简单减量处理后的污泥,直接运到垃圾场填埋或简易堆放,这远远达不到卫生填埋标准。而一些中小型污水处理厂甚至对污泥自行处理,随意堆弃,这不仅严重削弱了污水处理的净化作用,而且被堆弃的污泥无论在近期还是远期都将成为地表水和地下水的潜在污染源,也不可避免地给环境带来严重的二次污染,因此,寻找合理的污泥处理处置技术,对营造和谐的生态环境,维持人类的长足发展都具有重要的科学意义。由于长期以来对污水处理后一环节的污泥处理不重视,导致由其引发的二次污染事件频繁发生,因此,建立和健全城镇污泥处理处置政策的规章体系及其配套机制,加快推进城镇污水、污泥的同步治理刻不容缓。

　　根据我国的经济现状和未来的发展趋势,在今后相当长的时间里,卫生填埋仍然是污泥处理最重要的手段之一。首先,卫生填埋场建设周期短,投资少,且可分期投入,管理方便,现场运行比较简单;其次,污泥降解速度较快,若干年后可进行开采和利用,腾出的空间可重新填埋新鲜污泥,实现污泥填埋→填埋场污泥降解与稳定化形成矿化污泥→矿化污泥开采与利用→污泥填埋的循环使用。填埋场是污泥处理的反应器和中转站,而不是最终归宿。

　　然而,污泥填埋作业也存在一些困难。例如,脱水污泥仍有较高的含水率和较强的流变性,容易使推土机和压实机等在污泥的推铺、碾压和压实过程中出现作业机械打滑,有时甚至陷入泥中,导致填埋作业的终止;另外,污泥中高含量有机质的亲水性也会导致卫生填埋场雨季的沼泽化,为污泥后续填埋作业的正常运行带来严重的不利影响。因此,在污水处理厂污泥卫生填埋之前,必须对其进行适当的改性,以便有效改善和提高污泥的力学性能,为其后续的安全填埋提供条件。

　　本书主要讲述了各种污水处理厂污泥的改性技术,并在此基础上给出了改性污泥的填埋工艺。同时,参照生活垃圾卫生填埋场的建设和运行标准,并根据国内外污泥土地处理和填埋的实践经验,系统阐述了污泥循环卫生填埋技术,并对其发展前景进行简要分析,以便为我国污泥处理提供技术依据。但是,污泥填埋过程中污泥的改性、盲沟的构造和沼气管的铺设等技术目前尚不成熟,仍有待广大科研工作者继续开展此方面的研究工作。同时,污泥填埋场沼气产量预测以及沼气利用等方面仍需进一步研究。

　　本书的内容涵盖了污泥卫生填埋技术的各个方面,包括卫生填埋场选址、总体设计、填埋工艺、渗滤液和沼气的收集与处理、封场与终场利用、矿化污泥开采与利用和日常运行管理等,可供污水处理、污泥处理和卫生填埋工程设计人员、大中专师生、管理人员、科研人员参考。本书第 1 章由张华、王宁、吕德龙编写;第 2 章由朱英、赵由才、马建立编写;第 3 章第 1 节由孙晓杰、甄广印编写,第 3 章第 2、3、4 节由张华、朱英编写;第 4 章由张华、朱英、赵由才、周海燕编写;第 5 章由朱英、魏云梅、赵进、赵由才编写;第 6 章由李鸿江、唐平、甄广印编写;第 7 章由刘常青、黄仁华、徐勤编写。在此特别感谢"2009 年度浙江省科协育才工程"项目的资助。

　　由于编者水平和经验有限,书中疏漏和不足之处,敬请同行和专家及广大读者批评指正。

编　者

2009 年 12 月

# 目 录

# 1 污泥样品的监测与分析

## 1.1 污泥样品的采集和预处理

### 1.1.1 样品的采集

污泥采样地点的选择应具有代表性,因为污泥与添加剂的混合物混合得不一定非常均匀,在空间分布上具有一定的不均匀性,故应多点采样,将所有点的采样均匀混合,以使所采样品具有代表性。污泥一般可以在装货、倾倒或填埋后采样。采样地点取决于监测分析的目的,如果想鉴别入场污泥的性质,则在运输污泥的卡车上即可取样;如果想鉴定混合物是否达到填埋所需的强度和含水率要求,则在混合设备的出料中取样;如果想了解污泥在填埋场中稳定化的进程,则在填埋单元污泥堆体中取样;如果要对矿化污泥进行开采和资源化利用,则在稳定化后的污泥单位内取样。

样品的采集和保存程序应具备明确的操作规程并严格按规定执行,这样就可以减少采样过程中产生的误差。采样时需要注意以下事项:

(1)取样人员经过培训后才能负责收集样品,以确保采样时遵守有关操作规定。

(2)在将污泥样品送去检测之前,应当使用安全防范措施,如使用手套、洁净取样设备、容器、防护衣等来采集未处理或已处理的污泥。

(3)针对不同种类的污泥,可以使用不同采样装置。以脱水污泥为例,可以使用土壤取样设备,如收集器、钻头或探头等。

(4)采样器最好使用不锈钢材料,避免使用镀铬采样器。当采集渗滤液和地面水时,可直接在排放点使用采样器采样或者使用汲器输送液体到容器中。当采集地下水时,可以使用各种各样的采样设备。对于具有衬里和渗滤液收集系统的填埋场,由于规定硝酸盐是唯一指定的监测参数,所以吊桶可能是最简单和最便宜的地下水采样装置。

(5)污泥样品混合时,只有一小部分的混合样品是用于分析的,应当详细描述样品混合及抽样过程。通常使用一种混合杯或水桶(不锈钢或聚四氟乙烯)或丢弃的塑胶板混合污泥样品,并从中取出较少的样品用于分析检测。

(6)样品保存程序及保存时间的说明。一般情况下,样品通常冷却到零下(或者储存在冰块中),除非样品分析在现场或者现场实验室进行。样品的保存时间随监测指标而定。举例来说,一般情况下,硝酸盐最高保存时间是 24 h。当样本被酸化时,最长保存时间可以延长至 28 天。有关部门应及时与实验室协调,以便确定所有连续监测的样品满足保存程序和保存时间的要求。

(7)污泥样品采样设备清洗程序说明,确保不发生样品交叉污染的情况。

(8)描述样品保管程序,确保在运输过程和分析期间保持样品的完整性。

### 1.1.2 样品的预处理

干污泥是指湿污泥经过浓缩、脱水后形成的含水率约为 80% 的脱水污泥。目前,脱水污泥的资源化利用被认为是污泥处置的最佳方法。而污泥的性质以及污泥中含有的营养成分(包括氮、磷、钾、有机质等)和重金属、多环芳烃等有害物都会影响到污泥的有效利用。因此,准确测定污泥中的各种成分对于污泥处置和资源化具有十分重要的意义。

由于脱水污泥的含水量为70% ~80%,其外观形状类似于土壤。因此,土壤样品的采集和预处理方法基本适用于脱水污泥。

#### 1.1.2.1 污泥的风干

除了测定易挥发物质需要新鲜的泥样外,污泥中大多数分析项目需要污泥风干样品。风干样品较易混合,准确性高。具体方法是将采集的脱水污泥置于瓷盘内,在阴凉处慢慢风干,并经常翻动、压碎。由于污泥中大量胶体物质的存在,污泥风干的时间较一般土壤样品的风干时间要长。

#### 1.1.2.2 污泥的研磨和筛分

风干后的污泥样品用有机玻璃棒或木棒研碎后,过2 mm尼龙筛,去除2 mm以上的砂砾。1927年国际土壤学会规定通过2 mm孔径的土壤用作物理分析,通过1 mm或0.5 mm孔径的土壤用作化学分析,这同样适应于污泥样品的预处理。将风干的污泥反复按四分法弃取,最后留下足够的分析用的数量(重金属测定可留约100 g)。用四分法弃取的样品,另装瓶备用。留下的样品,再进一步用有机玻璃棒或玛瑙研钵予以研磨,全部通过0.150 mm尼龙筛。过筛后的样品,充分摇匀,装瓶备用分析。在制备样品时,必须注意样品不要被所分析的化合物或元素污染。另外,研磨过细会破坏污泥中的晶体结构,使pH值等测定结果增大,这一点应当注意。

#### 1.1.2.3 污泥试样的保存

一般制备污泥样品,通常需要保存半年至一年,以备必要时查核。标样或对照样品,则需要长期妥善保存,建议采用蜡封瓶口。在保存试样时,除了贴上标签,写上编码等外,还应注意避免日光、高温、潮湿和酸碱气体等的影响。

玻璃材质容器是常用的优质储存容器,聚乙烯塑料容器也属美国环保局推荐容器之一,该类储存容器性能良好、价格便宜且不易破损。将风干试样、沉积物或标准试样等储存于洁净的玻璃或聚乙烯容器中,在常温、阴凉、避阳光、密封(石蜡涂封)条件下保存30个月是可行的。

#### 1.1.2.4 污泥中目标物的浸提

污泥中大多数目标物的分析方法均要求分析试样为液体,因此,将污泥用蒸馏水或有机溶剂浸提,使其中的目标物由污泥相转移到浸提液中,是实现目标物定量测定的重要环节,主要的浸提步骤如下:

(1)称取试样。称取100 g风干污泥,置于浸出容积为2L的带盖广口聚乙烯瓶或玻璃瓶中,加水1L。

(2)振荡摇匀。将瓶子垂直固定在水平往复振荡器上,调节振荡频率为(150±10)次/min,振幅为40 mm,在室温下振荡8 h,静置16 h。

(3)过滤。通过0.45 mm滤膜过滤,滤液按各分析项目要求进行保护,在合适的条件下储存备用。每种样品做两个平行浸出试验,每瓶浸出液对预测项目平行测定两次,取算术平均值报告结果。

## 1.2 污泥样品的监测与分析

污泥样品的监测与分析项目,取决于污泥的监测目的。资源化利用途径的泥质要求的指标,在污泥稳定化后进行开采利用时要对其进行测定。然后对照相关标准,达到标准要求的,则可顺利实现该途径的资源化利用。如要将矿化污泥用作园林绿化,则应符合 CJ 248—2007《城镇污水处理厂污泥处置 园林绿化用泥质》和 GB/T 23486—2009《城镇污水处理厂污泥处置 园林绿化用泥质》的要求;如果要将矿化污泥用作土地改良,则要符合 CJ/T 291—2008《城镇污水处理厂污泥处置 土地改良用泥质》的要求;如果要将矿化污泥用作制砖的原料,则要符合 CJ/T 289—2008《城镇污水处理厂污泥处置 制砖用泥质》的要求等等。所涉及的监测项目和分析方法介绍如下。

### 1.2.1 污泥的物理性质测定

#### 1.2.1.1 含水率

称取湿污泥试样 20 g 左右,当需要测定烘干后泥样中的无机物时,可将湿污泥在 105℃下烘干至恒重,测定水分含量。具体方法参见 CJ/T 221—2005《城市污水处理厂污泥检验方法》。当需要测定烘干后泥样中的有机物时,可采用 SL 237—1999《土工试验规程》中有机土的含水率测定方法,即在 65℃下烘干至恒重的方法。也有资料推荐泥样应于 60℃干燥24 h 来测定水分含量。

首先用精密天平测得表面皿质量 $m_1$(精确到 0.0001 g),然后取试样少许放入表面皿内,测得表面皿和湿试样的总质量 $m_2$,将试样放入烘箱,在 65℃下烘干至恒重,取出放在干燥器中冷却,称得表面皿与干试样的总质量 $m_3$。根据式(1-1)计算含水率 $w'$:

$$w' = \frac{m_2 - m_3}{m_2 - m_1} \tag{1-1}$$

需指出的是,上述含水率 $w'$ 是环境工程领域习惯表示法,即水分与湿试样总重量之比,其数值总是小于 1 的。而土工实验的含水量 $w$ 是水分与干固体重量之比,其数值可能大于1。应注意将两者区分开来。两者换算关系为 $w' = w/(1 + w)$ 或 $w = w'/(1 - w')$。

#### 1.2.1.2 污泥颗粒密度

污泥颗粒密度,以往习惯称为比重,是干污泥颗粒的质量与其体积之比,此体积仅仅是污泥颗粒本身所占的体积,不包括污泥颗粒之间的空隙所占体积。其测定可参照 SL 237—1999《土工试验规程》或 GB/T 50123—1999《土工试验方法标准》中的比重试验进行。采用比重瓶法时,因污泥有机质含量很高,用中性液体——煤油代替纯水测定。

#### 1.2.1.3 密度

密度是单位体积污泥的质量,此体积中不仅包括污泥颗粒的体积,还包括颗粒之间的空隙的体积。密度测定可采用 SL 237—1999《土工试验规程》或 GB/T 50123—1999《土工试验方法标准》中的环刀法。

#### 1.2.1.4 界限含水率

液限和塑限的测定可参照 SL 237—1999《土工试验规程》或 GB/T 50123—1999《土工试验方法标准》界限含水率试验。

液限的测定可采用锥式仪法,用调土刀将污泥在试杯中调匀,泥中不能含有封闭气泡,泥面与杯口平。用手拿稳液限仪,锥尖刚好接触泥面,松手后 5 s 时观看锥尖进入污泥的深度,当锥尖进入泥面深度刚好为 17 mm,取污泥测定含水率,此值即为液限。污泥鲜样的含水率很高,用吹风机吹风使污泥的含水率降低到测出液限。

塑限的测定参照 GB/T 50123—1999《土工试验方法标准》的界限含水率试验。可采用搓条法,按下列步骤进行:将污泥样用电吹风吹风使含水率适当地降低,直至试样在手中揉捏至不沾手,捏扁,当出现裂缝时,表示含水量接近塑限。取接近塑限含水量的试样 8 ~ 10 g,用手握成椭圆形,放在毛玻璃板上用手掌滚搓,手掌的压力要均匀地施加在泥条上,不得使泥条在毛玻璃上无力滚动,泥条不得有空心现象,泥条长度不大于手掌宽度。当泥条被搓成直径为 3 mm 时产生裂缝,并开始断裂,表示试样的含水量达到塑限含水量。取直径为 3 mm 的有裂缝的泥条 3 ~ 5 g,测定泥条的含水量。

### 1.2.2　污泥的力学性质测定

#### 1.2.2.1　渗透系数

可采用气压变水头法测定渗透系数,方法参照 SL237—1999《土工试验规程》。主要设备为上海深尔科公司生产的 TK – STP – 3 型二联式渗压仪(如图 1–1 所示)。

#### 1.2.2.2　横向剪切强度

横向剪切强度即直接剪切强度,参考 GB/T 50123—1999《土工试验方法标准》。含水率高的污泥强度低,常规土工直剪实验施加的垂直压力对于污泥来说太大了,污泥在超过 200 kPa 压力下会发生明显的流变,从上下剪切盒之间的缝隙中挤出。因此,应适当减小垂直压力至 150 ~ 200 kPa 以下。剪切速率控制在 0.8 mm/min,使试样在 3 ~ 5 min 内剪坏。由于污泥在剪切过程中,百分表指针不后退,采用剪切位移为 4 mm 时所对应的剪应力为抗剪强度,并使剪切位移达到 6 mm 时才停止剪切。

#### 1.2.2.3　十字板剪切强度

由于污泥的性质很特殊,目前尚未有标准的测定污泥强度的方法,国外常用的方法是十字板剪切试验。十字板剪切试验使用插入土中的标准的十字板探头,

图 1–1　TK – STP – 3 型
二联式渗压仪

以一定的速率扭转,测量破坏时的抵抗力矩,并测定土的不排水抗剪强度。十字板剪切仪构造简单,操作方便,对试样结构的扰动小,比较适用于饱和软黏土,特别是难以取样或者试样在自重作用下不能保持原有性状的软黏土。可使用上海某公司生产的淤泥十字板剪切仪,见图 1–2,该仪器尤其适合淤泥等的低抗剪强度测定。

测定方法是将试样放入采样筒内,固定在十字板剪切仪上,十字板插头插入试样中,深度为 $(3 ~ 5)b$,$b$ 为钻孔直径,大约为 8 cm;固定十字板转杆,稳定 3 ~ 5 min;慢慢添加砝码,待转盘转动并且至转动角度急骤增大,此时认为剪切破坏,所加的荷载为总荷载 $m$。

抗剪强度公式为 $C_u = 0.0267561741m$,其中 0.0267561741 为仪器抗剪强度系数。在野外进行测定原位不排水强度时,可使用便携式触探仪,易于操作且更实用。

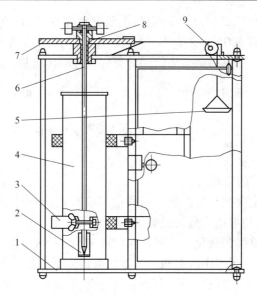

图1-2 淤泥十字板剪切仪

1—底盘;2—十字板;3—取样管固定环;4—薄壁取样管;5—砝码盘;

6—线绳;7—刻度盘;8—固定套管;9—滑轮

#### 1.2.2.4 压缩固结系数

压缩固结系数的测量方法见水利部 SL 237—1999《土工试验规程》压缩固结试验。采用的主要设备为渗压仪(见图1-1),该仪器采用气压加荷法。渗压仪的试样面积为 30 cm²,高度为 4 cm。试样上下都有透水石,变形量测定设备为百分表。由于污泥的高压缩性,其变形量往往超过常规 1 cm 的百分表量程,所以改用 2 cm 量程的百分表。通过气压加荷,连续加荷分级为 50 kPa、100 kPa、150 kPa 和 200 kPa(因为污泥的承压能力低,不宜使用更大的压力)。每级加荷 24 h,加下一级荷载前读数。根据在不同的固结压力下试样的变形量,计算各级荷重下的孔隙比,绘制 $e$—$p$ 曲线、$e$—$\lg p$ 曲线。求得土的压缩系数 $\alpha$、压缩指数 $C_c$、压缩模量 $E_s$。在加第一级荷载 50 kPa 后,每隔一定时间记录百分表的读数,按常规方法绘制 $S$(变形)—$\sqrt{t}$(时间)关系曲线,计算土样在 50 kPa 固结压力下的垂直向固结系数 $C_v$。固结系数的确定按时间平方根法进行。

### 1.2.3 污泥的化学性质测定

#### 1.2.3.1 pH 值的测定

pH 值的测定采用玻璃电极法,具体参见 CJ/T 221—2005《城市污水处理厂污泥检验方法》。

#### 1.2.3.2 水溶性盐分(EC)的测定

采用电导法测定水溶性盐分,具体参见 LY/T 1251—1999《森林土壤水溶性盐分分析》。

#### 1.2.3.3 有机物含量、挥发性固体及灰分含量的测定

污泥中的挥发性固体为干污泥经过高温灼烧后减少的那一部分,其主要成分为有机物,而残留的无机部分称为灰分。具体方法参见 CJ/T 221—2005《城市污水处理厂污泥检验方法》。

准确称取在(105±2)℃下恒重的干燥污泥,将其放在600℃的马弗炉内灼烧(烧到不冒烟),再放冷或将温度降到100℃左右。取出放入(105±2)℃的烘箱中烘0.5 h,取出后放入干燥器内冷却恒重0.5 h,称重得剩余质量。计算挥发性固体含量(%)和灰分的含量(%)。

$$污泥中挥发性固体含量 = \frac{S_1 - S_2}{S_1} \times 100\%$$

$$污泥中灰分含量 = \frac{S_2}{S_1} \times 100\%$$

式中　$S_1$——干燥污泥质量,g;

　　　$S_2$——灼烧后灰分的质量,g。

应注意的是烘干恒重应视为每次烘干后称重相差不大于0.001 g,在马弗炉中灼烧应视样品灼烧的完全程度,时间可适当延长或缩短。

有机质也可采用重铬酸钾氧化-外加热法(GB 7858—1987)进行测定,其基本原理是:在酸性或油浴加热条件下,污泥中的有机质与重铬酸钾发生氧化反应,使污泥有机质中的有机碳氧化成二氧化碳,而重铬酸离子被还原成三价铬离子,过量的重铬酸钾用二价铁的标准溶液滴定,根据有机碳被氧化前后重铬酸钾离子数量的变化,就可算出有机碳或有机质的含量。

值得注意的是,由于污泥中的有机质含量大于土壤中所含的有机质,所以称取分析的污泥样品应少于标准方法中规定的值(以小于0.05 g为宜),也可以适当增加氧化剂的量。

1.2.3.4　氮、磷、钾的测定

A　总氮的测定

污泥中总氮可以采用碱性过硫酸钾消解紫外分光光度法(GB 11894—1989)和半微量凯氏法(GB 7173—1987)。

碱性过硫酸钾消解紫外分光光度法基本原理:在120~124℃的碱性介质条件下,用过硫酸钾作为氧化剂,不仅可将样品消解液中的氨氮和亚硝酸盐氮氧化为硝酸盐,同时将消解液中大部分有机氮化合物氧化为硝酸盐。而后,用紫外分光光度计分别于波长为220 nm和275 nm处测定其吸光度,按$A = A_{220} - 2A_{275}$计算硝酸盐氮的吸光度,从而计算总氮的含量。

半微量凯氏法基本原理为,污泥样品在催化剂的参与下,用浓硫酸消煮时,各种含氮有机物经过高温氧化分解转化成铵态氮。碱化后蒸馏出来的氨用硼酸吸收,以酸标准溶液滴定,可求出污泥中总氮的含量(不包括全部硝态氮)。包括硝态和亚硝态氮的总氮的测定,应在样品消煮前,先用高锰酸钾将污泥样品中的亚硝态氮氧化为硝态氮后再用还原铁粉使全部硝态氮还原,转化为铵态氮。

B　总磷的测定

污泥中总磷可以采用钼锑抗分光光度法(GB 11893—1989)进行测定。

钼锑抗分光光度法基本原理:在酸性条件下,正磷酸盐与钼酸铵、酒石酸锑氧钾反应,生成磷钼杂多酸,被还原剂抗坏血酸还原,则变成蓝色配合物,通常即称为磷钼蓝。

本方法最低检出浓度为0.01 mg/L;测定上限为0.6 mg/L。当样品中砷含量大于2 mg/L时有干扰,可用硫代硫酸钠除去,硫化物含量大于2 mg/L有干扰,在酸性条件下通氮气可以除去。

C　总钾的测定

污泥中总钾可以采用火焰原子吸收分光光度法(GB/T 17138—1997)和电感耦合等离

子体发射光谱法(CJ/T 221—2005)进行测定。

### 1.2.3.5 有机污染物监测分析方法

污泥中的有机物监测分析方法见表1-1。

**表1-1 污泥中有机物的监测分析方法**

| 序号 | 检测项目 | 测定方法 | 方法来源 |
|---|---|---|---|
| 1 | 石油类 | 红外分光光度法 | GB/T 16488—1996 |
| 2 | 苯并[a]芘 | 气相色谱法 | GB 13198—1991 |
| 3 | 有机质 | 重铬酸钾法 | GB 7858—1987《城镇垃圾农用监测分析方法》 |
| 4 | 多氯代二苯并二恶英/多氯代二苯并呋喃(PCDD/PCDF,以干污泥计单位为 ng/kg) | 同位素稀释高分辨毛细管气相色谱/高分辨质谱法 | HJ/T 77—2001 |
| 5 | 可吸附有机卤化物(AOX)(以 Cl 计) | 微库仑法 离子色谱法 | GB/T 15959—1995 HJ/T 83—2001 |
| 6 | 多氯联苯(PCBs) | 气相色谱法 | |
| 7 | 多环芳烃(PAH) | 高效液相色谱(HPLC)法 | GB 13198—1991 |

### 1.2.3.6 污泥中重金属测定

针对污泥农用时污染物控制项目,GB 18918—2002《城镇污水处理厂污染物排放标准》规范了相关监测项目的分析测试方法,详见表1-2。

**表1-2 污泥特性及污染物监测分析方法**

| 序号 | 控制项目 | 测定方法 | 方法来源 |
|---|---|---|---|
| 1 | 总镉 | 石墨炉原子吸收分光光度法 | GB/T 17141—1997 |
| 2 | 总汞 | 冷原子吸收分光光度法 | GB/T 17136—1997 |
| 3 | 总铅 | 石墨炉原子吸收分光光度法 | GB/T 17141—1997 |
| 4 | 总铬 | 火焰原子吸收分光光度法 | GB/T 17137—1997 |
| 5 | 总砷 | 硼氢化钾－硝酸根分光光度法 | GB/T 17135—1997 |
| 6 | 总镍 | 火焰原子吸收分光光度法 | GB/T 17139—1997 |
| 7 | 总锌 | 火焰原子吸收分光光度法 | GB/T 17138—1997 |
| 8 | 总铜 | 火焰原子吸收分光光度法 | GB/T 17138—1997 |
| 9 | 硼 | 姜黄素比色法 | 暂用 GB 4284—1984《农用污泥监测分析方法》 |

在 2005 年颁布的国家建设行业标准 CJ/T 221—2005《城市污水处理厂污泥检验方法》中,重金属的测定有了新的方法——电感耦合等离子体原子发射光谱法(ICP-AES),除了汞之外的铅、铬、砷、镍、锌、铜、硼等都可以采用常压消解或微波高压消解后电感耦合等离子体原子发射光谱法。

ICP-AES 法是以等离子体原子发射光谱仪为手段的分析方法,由于其具有检出限低、准确度高、线性范围宽且多种元素同时测定等优点,因此,与其他分析技术,如原子吸收光谱、X 射线荧光光谱等方法相比,显示了较强的竞争力。在国外,ICP - AES 法已迅速发展为一种适用范围较广的常规分析方法,并已广泛应用于各行业,进行多种样品、70 多种元素的测定,目前,也已在我国高端分析测试领域广泛应用。

总汞、砷及其化合物的测定需采用常压消解后原子荧光法。锌、铜、铅、镍、镉及其化合物的测定还可采用常压消解或微波高压消解后原子吸收分光光度法。铬及其化合物的测定还可采用常压消解或微波高压消解后二苯碳酰二肼分光光度法。

下面就每种重金属的测定方法进行简单介绍。

A 铜的测定

测定铜可以采用火焰原子吸收分光光度法(GB/T 17138—1997)和铜试剂光度法(GB 7474—1987)。

火焰原子吸收分光光度法原理为,将消解试液喷入空气 - 乙炔火焰中,在火焰中被测铜由离子态被还原成基态原子,在其原子蒸气对锐线光源(空心阴极灯或无极放电灯)发射的特征谱线产生选择性吸收,在 324.7 nm 铜的特征波长下,其吸光度的大小与火焰中的铜基态原子浓度成正比。

铜试剂光度法原理为,在氨性柠檬酸盐介质中(pH 值为 8 ~ 10),Cu(Ⅱ)与二乙基二硫代氨基甲酸钠(简称铜试剂)反应,生成黄棕色配合物,用明胶作为保护剂,在 445 nm 波长下,其吸光度与试样中铜的浓度成正比,可通过测定其吸光度进行铜含量的测定。本方法的测定范围为 0.01 ~ 2.0 mg/L。常见的重金属干扰离子可用柠檬酸和 EDTA 掩蔽,消除其干扰。

值得注意的是,光对固体铜试剂及其溶液有分解作用,当固体铜试剂变成粉末状、液体出现浑浊时,不可再用。明胶溶液易发酵变质,即使加防腐剂也不可再用,故应放在温度较低的地方保存。

B 砷的测定

样品中砷的测定采用二乙氨基二硫代甲酸银光度法(GB 7485—1987)和硼氢化钾 - 硝酸银分光光度法(GB 11900—1989)。

二乙氨基二硫代甲酸银光度法原理为,通过化学氧化分解试样中以各种形式存在的砷,使之转化为可溶态砷离子进入溶液。锌与酸作用,产生新生态氢。在碘化钾和氯化亚锡存在情况下,使五价砷还原为三价,三价砷被新生态氢还原成气态砷化氢(胂)。用二乙氨基二硫代甲酸银 - 三乙醇胺的三氯甲烷溶液吸收胂,生成红色胶体银,在波长为 510 nm 处以三氯甲烷为参比测其经空白校正后的吸光度,通过标准曲线进行定量。此方法适用于 0.007 ~ 0.50 mg/kg 的样品。

硼氢化钾 - 硝酸银分光光度法原理为,硼氢化钾(或硼氢化钠)在酸性溶液中产生新生态的氢,将水中无机砷还原成砷化氢气体,以硝酸 - 硝酸银 - 聚乙烯醇 - 乙醇溶液为吸收液。砷化氢将吸收液中的银离子还原成单质胶态银,使溶液呈黄色,颜色强度与生成氢化物的量成正比。在 400 nm 处其吸光度与试样中砷的浓度成正比,可通过测定其吸光度进行砷含量测定。

值得注意的是,砷化氢为剧毒气体,故在硼氢化钾(或硼氢化钠)加入溶液之前,必须检查管路是否连接好,以防止漏气或反应瓶盖被崩开,有条件的可放在通风柜内进行;硼氢化钾是强还原剂,对皮肤有强腐蚀性,不可用手触摸。

C 镉的测定

测定镉的方法有石墨炉原子吸收分光光度法(GB/T 17141—1997)和双硫腙分光光度法(GB 7470—1987)。

　　石墨炉原子吸收分光光度法原理为,将消解试液注入石墨管中,用电加热方式使石墨炉升温,试液样品蒸发离解成的原子蒸气对锐线光源(空心阴极灯或无极放电灯)发射的特征谱线产生选择性吸收,在228.8 nm(镉的特定波长)下,其吸光度与试样中被测元素的浓度成正比,即可定量测定镉的含量。该方法的检出限(按称取0.5 g试样消解定容至50 mL计算)为0.01 mg/kg。使用塞曼法、自吸收法和氘灯法扣除背景,并在磷酸氢二铵或氧化铵等基体改进剂存在下,直接测定试液中的痕量镉,未见干扰。

　　双硫腙分光光度法原理为,在强碱性溶液中,镉和双硫腙产生红色配合物,用氯仿萃取比色,于518 nm进行分光光度测定,可求出镉的含量。由于不同的离子和双硫腙作用的pH值不同,以及对某些化合物的配合作用强弱不等,故可借以分离汞、铜、铅、锌等干扰物,但当污泥样中干扰物的浓度太高时,对测定仍有影响。本法最低能检出0.5 μg/mL。

　　注意事项是,双硫腙与镉生成金属配合物的反应十分灵敏,所用试剂、蒸馏水都应经过去铜处理。所用仪器也需要仔细洗涤,除一般洗涤外,尚需5%(体积分数)盐酸浸泡除镉。

　　D　汞的测定

　　汞的测定采用冷原子吸收光度法(GB/T 17136—1997)和双硫腙分光光度法(GB 7470—1987),随着原子荧光分析技术的发展,现已出现冷原子荧光测汞法(CJ/T 221—2005)。

　　冷原子吸收光度法原理为,在硫酸－硝酸介质及加热条件下,用过量的高锰酸钾将污泥样品进行消解,使汞全部转化为二价汞,多余的高锰酸钾用盐酸羟胺还原,然后用氯化亚锡将二价汞还原成原子汞,在室温下通入空气或氮气流,将金属汞气化,其蒸气对波长253.7 nm的紫外光具有强烈的特征吸收,汞蒸气浓度与吸收值成正比。测定吸收值,可求得试样中汞的含量。本方法的最低检出限为0.005 mg/kg(按称取2 g试样计算)。

　　注意事项是,易挥发的有机物和水蒸气在253.7 nm处有吸收而产生干扰,易挥发有机物在样品消解时可除去,水蒸气可用无水氯化钙、过氯酸镁除去。

　　冷原子荧光测汞法原理为,汞离子在酸性介质中与还原剂作用,还原成原子态的汞,基态汞原子受到汞的共振频率253.7 nm辐射光的照射后被激发,使基态的汞原子激发,激发态的汞原子极不稳定,在短时间内(约$10^{-8}$ s),以荧光的形式放出能量回到基态,该荧光强度与汞原子浓度成正比。本方法最低检出限为$5 \times 10^{-11}$ g/mL。

　　E　铅的测定

　　测定铅的含量采用石墨炉原子吸收分光光度法(GB/T 17141—1997)、双硫腙分光光度法(GB 7470—1987)和电感耦合等离子体发射光谱法及原子荧光法(CJ/T 221—2005)。

　　石墨炉原子吸收分光光度法原理为,经消解后污泥液样中的铅,在空气－乙炔火焰的高温下,铅化合物离解为基态原子,该基态原子蒸气吸收从铅空心阴极灯射出的特征波长283.3 nm的光,吸光度的大小与火焰中铅基态原子浓度成正比,可从校准曲线查得被测元素铅的含量。

　　电感耦合等离子体发射光谱法原理为,污泥样品消解后,将消解液直接吸入电感耦合等离子焰炬,被分析元素在火焰中挥发、原子化、激发,辐射出特征谱线,根据谱线强度确定被测样品中元素铅的浓度。

　　原子荧光法原理为,污泥样品经消解后,将消解液置于氢化物发生器中,加入还原剂硼氢化钾发生反应,铅被还原成铅化氢气体,用氩气作为载气将铅化氢气体导入电热石英炉中进行原子化,受热的铅化氢解离成铅的气态原子。这些原子蒸气受到光源特征辐射线的照射而被激发,受激发原子从激发态返回基态,发射出一定波长的原子荧光。产生的原子荧光强度与试样中铅的含量成正比,可从校准曲线查得被测元素铅的含量。

F　锌的测定

锌的测定采用火焰原子吸收分光光度计法(GB/T 17138—1997)和电感耦合等离子体发射光谱法(CJ/T 221—2005)。

火焰原子吸收分光光度法基本原理为,将消解试液喷入空气 – 乙炔火焰中,在火焰中被测的锌由离子态被还原成基态原子,在其原子蒸气对锐线光源(空心阴极灯或无极放电灯)发射的特征谱线产生选择性吸收,在 213.9 nm 锌的特定波长下,其吸光度与试样中的被测元素的浓度成正比,即可定量测定锌含量。方法的检出限(按称取 0.5 g 试样消解定容至 50 mL 计算)为 0.5 mg/kg。当土壤消解液中的铁含量大于 100 mg/L 时,抑制锌的吸收,加入硝酸镧可消除共存成分的干扰。含盐量高时,往往出现非特征吸收,此时可用背景校正加以克服。

G　铬的测定

污泥中总铬的测定可采用火焰原子吸收分光光度法(GB/T 17138—1997)和二苯碳酰二肼分光光度法(CJ/T 221—2005)。

火焰原子吸收分光光度法基本原理为,采用盐酸 – 硝酸 – 氢氟酸 – 高氯酸全消解的方法,破坏样品的矿物晶格,使试样中的待测元素全部进入试液,并且在消解过程中,所有铬都被氧化成 $Cr_2O_7^{2-}$。然后,将消解液喷入富燃性空气 – 乙炔火焰中。在火炽的高温下,形成铬基态原子,并对铬空心阴极灯发射的特征谱线 357.9 nm 产生选择性吸收。在选择的最佳测定条件下,测定铬的吸光度。

此方法适用于 0.1 ~ 5.0 mg/kg 的样品。铬的测定采用原子吸收分光光度计、铬空心阴极灯、乙炔钢瓶和空气压缩机。

二苯碳酰二肼分光光度法原理为,污泥样品经消解后,用高锰酸钾将消解液中的三价铬氧化成六价铬,用亚硝酸钠分解除去溶液中剩余的高锰酸钾。在酸性条件下,六价铬与二苯碳酰二肼反应生成紫红色化合物,于波长 540 nm 处测定吸光度,吸光度大小与铬含量成正比,计算铬的浓度。

H　镍的测定

污泥中镍的测定可采用火焰原子吸收分光光度法(GB/T 17138—1997)和电感耦合等离子体发射光谱法(CJ/T 221—2005)。

火焰原子吸收分光光度法灵敏度高、简便、快速、干扰较少。此方法的检出限(按称取 0.5 g 试样消解定容至 50 mL 计算)为 5 mg/kg。镍的测定采用原子吸收分光光度计、镍空心阴极灯、乙炔发生器和空气压缩机等实验装置。

电感耦合等离子体发射光谱法测定镍的浓度时很少有干扰,试液中一般共存元素即使达到 1000 mg/L 也不影响测定,本方法污泥消解液的最低检出限为 0.009 mg/L。

I　硼的测定

污泥中硼的测定可采用电感耦合等离子体发射光谱法(CJ/T 221—2005),本方法污泥消解液的最低检出限为 0.006 mg/L。

## 1.2.4　污泥卫生学指标的测定

污泥中含有较多的病原微生物和寄生虫。若将污泥直接用于农、林再利用时,其中的病原微生物和寄生虫等可能通过各种途径传播,污染土壤、空气和水源,加速植物病害的传播,并可能通过皮肤接触、呼吸和食物链危及人畜健康。

### 1.2.4.1 细菌总数的测定

细菌总数的测定采用平皿计数法(CJ/T 221—2005),其原理是在一定量的污泥样品经稀释处理以后,于营养琼脂培养基中,在37℃培养24 h后,立即进行平皿计数,如果计数必须暂缓进行,平皿需存放于5~10℃环境中,且不得超过24 h,在做平皿菌落计数时,可用肉眼观察,但必须是用放大镜观察,以防遗漏。记下平皿中的菌落数之后,应求出同一稀释度的平均菌落数,然后确定样品中的细菌总数。

### 1.2.4.2 大肠菌群的测定

污泥中大肠菌群可以采用多管发酵法和滤膜法(CJ/T 221—2005)。

多管发酵法基本原理为,根据总大肠菌群应具有的生物特性,如革兰氏阴性无芽孢杆菌,在37℃培养24 h后能发酵乳糖并产酸产气,能在选择培养基上产生典型菌落,利用这一特性,根据发酵过程中阳性管的数量,通过查 MPN(最可能数)生物统计表,可检测大肠菌群的数量。

滤膜法基本原理为,将污泥样品用灭菌的稀释水稀释后,注入已灭菌的放有微孔滤膜的滤器中,经过抽滤,细菌即被截留在滤膜上,然后将滤膜贴于合适的培养基上进行培养,因大肠菌群可发酵乳糖,在滤膜上出现紫红色具有金属光泽的菌群,计数滤膜上生长的此特性的菌群数,计算出每1L稀释液中含有的总大肠菌群数。如有必要,可以对可疑菌落进行涂片染色镜检,并再接种乳糖发酵管做进一步鉴定。

滤膜法具有高度的再现性,能比多管发酵技术更快地获得肯定的结果。

### 1.2.4.3 蛔虫卵的测定

蛔虫卵采用集卵法(CJ/T 221—2005),即先用碱性溶液和已经进行预处理过的污泥样品充分混合,分离蛔虫卵,继而用密度较蛔虫卵密度大的溶液作为漂浮液,使蛔虫卵漂浮在溶液表面,收集并进行镜检。也可加入清水,因蛔虫卵密度比水大,故可使蛔虫卵沉入水底,再吸收蛔虫卵进行检验。

## 1.2.5 污泥的种子发芽毒性的测定

种子发芽指数测定方法见 CJ 248—2007《城镇污水处理厂污泥处置 园林绿化用泥质》。

配制污泥样品滤液,以污泥样品按水:物料 =3:1 浸提,160 r/min 振荡 1 h 后过滤,过滤液即为污泥样品过滤液。吸取 5 mL 滤液于铺有滤纸的培养皿中,滤纸上放置 10 颗小白菜或水芹种子,25℃下避光培养 48 h 后,测定种子的根长。上述试验设置 5 组重复,同时用去离子水做空白对照。计算公式如下:

$$F = (A_1 \times A_2)/(B_1 \times B_2) \times 100\%$$

式中 $F$——种子发芽指数;

$A_1$——污泥滤液培养种子的发芽率;

$A_2$——污泥滤液培养种子的根长;

$B_1$——去离子水种子的发芽率;

$B_2$——去离子水种子的根长。

## 1.3　污泥常用分析仪器设备

污泥固体常见测试项目及主要仪器见表1-3。

表1-3　污泥固体常见测试项目及主要仪器

| 测 试 项 目 | 方 法 | 主 要 仪 器 |
|---|---|---|
| 含水率 | 105~110℃烘干重量法 | 电热鼓风干燥箱 |
| 密 度 | 环刀法 | 环刀、YP1201N型电子天平 |
| 颗粒密度(比重) | 比重瓶法 | 比重瓶,沙浴装置 |
| 液 限 | 锥式仪法 | 锥式仪 |
| 横向剪切强度 | 直接快剪 | 四联应变直剪仪 |
| 十字板剪切强度 | | 十字板剪切仪 |
| 渗透系数 | 气压变水头法 | 气压渗压仪 |
| pH值 | 玻璃电极法 | PHS-3C型精密pH计 |
| 有机质、挥发性有机物(VM)、灰分 | 重量法 | 马弗炉 |
| 石油类 | 重量法 | 恒温箱、恒温水浴锅、干燥器 |
| | 红外分光光度法(GB/T 16488—1996) | G-1型玻璃砂芯漏斗、红外分光光度计 |
| | 非分散红外光度法(GB/T 16488—1996) | 非分散红外测油仪、红外分光光度计 |
| 苯并[a]芘 | 气相色谱法(GB 13198—1991) | 气相色谱仪 |
| | 乙酰化滤纸层析-荧光分光光度法(GB/T 11895—1989) | 紫外分析仪、振荡器、磁力恒温搅拌器、K-D浓缩器、荧光分光光度计 |
| 多氯代二苯并二恶英/多氯代二苯并呋喃(PCDD/PCDF) | 同位素稀释高分辨毛细管气相色谱/高分辨质谱法(HJ/T 77—2001) | 气相色谱仪、质谱仪 |
| 可吸附有机卤化物(AOX)(以Cl计) | 微库仑法(GB/T 15959—1995)离子色谱法(HJ/T 83—2001) | 可吸附有机卤素测定仪、吹脱器、燃烧热解炉、微库仑计管式炉、离子色谱仪 |
| 多氯联苯(PCBs) | 气相色谱-质谱法 | 固相萃取圆盘、气相色谱仪、质谱仪 |
| 多环芳烃 | 高效液相色谱法 | 高效液相色谱仪 |
| 铅、铬、砷、镍、锌、铜、硼 | 常压/微波消解-等离子发射光谱法(CJ/T 221—2005) | 微波消解仪、电感耦合等离子体原子发射光谱仪、恒温调速回转式摇床 |
| 锌、铜、铅、镍、镉 | 常压/微波高压消解后原子吸收分光光度法 | 原子吸收分光光度计、阴极灯、电热板/微波消解仪、空气压缩机 |
| 铅 | 常压/微波高压消解后原子荧光法 | 电热板/微波消解仪、原子荧光光度计 |
| 铬 | 常压/微波消解-二苯碳酰二肼分光光度法(CJ/T 221—2005) | 电热板/微波消解仪、分光光度计 |
| 砷 | 常压消解后原子荧光法 | 电热板、原子荧光光度计 |
| 汞 | 常压消解-冷原子吸收法(GB 7468—1987) | DMA-80型测汞仪 |
| | 常压消解后原子荧光法 | 电热板、原子荧光光度计 |

| 测试项目 | 方 法 | 主 要 仪 器 |
|---|---|---|
| 总钾（TK） | 常温/微波高压电感耦合等离子体发射光谱法（CJ/T 221—2005） | 微波消解仪、电感耦合等离子体原子发射光谱仪、恒温调速回转式摇床 |
| | 常温/微波高压消解-火焰原子吸收分光光度法（CJ/T 221—2005） | 微波消解仪、空气压缩机、原子吸收分光光度计 |
| 总磷（TP） | 微波消解-钼锑抗分光光度法（GB 7852—1987） | 微波消解仪、紫外可见分光光度计 |
| | 离子色谱法（GB 11893—1989） | 微孔滤膜过滤器、微膜抑制器、离子色谱仪 |
| 总氮（TN） | 过硫酸钾消解-紫外可见分光光度法（GB/T 11894—1989） | 压力蒸汽消毒器、紫外可见分光光度计 |
| | 气相分子吸收光谱法（GB/T 11894—1989） | 高压蒸汽灭菌器、气相分子吸收光谱仪 |
| 细菌总数 | 平皿计数法（CJ/T 221—2005） | 恒温培养箱（37℃） |
| 总大肠菌群 | 滤膜法（CJ/T 221—2005） | 滤膜过滤装置（滤膜孔径0.45 μm） |
| | 多管发酵法（CJ/T 221—2005） | 振荡器、恒温培养箱 |
| | 延迟培养法（CJ/T 221—2005） | 滤膜过滤装置、振荡器、恒温培养箱 |
| 蛔虫卵 | 集卵法（CJ/T 221—2005） | 抽滤装置（微孔火棉胶滤膜直径为35 mm） |
| 污泥毒性 | 种子发芽指数法（CJ 248—2007） | 振荡仪、过滤装置及恒温培养箱 |

污泥填埋监测中常用的分析仪器包括色谱分析仪、质谱分析仪、原子发射光谱仪、紫外-可见分光光度计、原子吸收分光光度计和电化学分析仪。

### 1.3.1 色谱分析仪

色谱分析仪是目前分离分析的重要仪器,包括气相色谱仪、液相色谱仪、离子色谱仪和薄层层析仪等。色谱分析是一种物理化学方法,是利用混合物中各种组分在两相间(气-液、气-固、液-液、液-固)分配系数之间的差异,当两相做相对运动时,各组分在两相间进行多次的分配,从而使各组分得到分离。分离后的组分经过检测器检测后,获得其定性或定量的信号。

#### 1.3.1.1 气相色谱仪

气相色谱仪包括进样室、色谱柱、检测器、气体压力、流量控制部分、温度控制部分、数据输出部分和记录仪,其中色谱柱和检测器是色谱仪的关键部件。色谱柱起到混合组分的分离功能,包括填充柱和毛细管柱两种类型。填充柱内径为 3~6 mm,长为 1~3 m,而毛细管柱内径小于1 mm、长为 10~100 m。填充柱的柱容量一般比毛细管柱大,但毛细管柱的分离效率比填充柱高。毛细管柱已成为环境样品等复杂混合物分离最常用的有效的工具。

#### 1.3.1.2 液相色谱仪

液相色谱仪是一个强有力的分离分析仪器,因为它具有耐高压的泵、对压力变动不敏感的检测器和耐腐蚀的仪器系统。梯度淋洗技术能提高分离效率和分析速度。液相色谱仪不仅可以分析大多数能用气相色谱仪分析的化合物,也可以分析沸点在500℃以上、相对分子质量在 450 以上的化合物。

#### 1.3.1.3 离子色谱仪

离子色谱仪是一种用来分析阴离子和阳离子的高效液相色谱仪。与液相色谱仪不同的是,离子色谱仪的色谱柱是填充柱,其填料是柱状填料,并且流动相通过的阀门、泵、柱子及接头要求耐压和耐酸碱腐蚀。离子色谱仪不同于液相色谱仪的另一部件是检测器。除了已用于液相色谱仪的紫外－可见分光器可用于离子色谱仪外,还有常用电化学检测器如电导、直流安培、积分脉冲安培等检测器。

色谱分析法广泛使用于环境样品的测定,表1-4列举了离子色谱法适合测定的部分项目。

表1-4　离子色谱法适合测定的部分项目

| 样 品 类 别 | 项 目 名 称 |
|---|---|
| 无机阴离子 | $NO_3^-$、$NO_2^-$、$Cl^-$、$F^-$、$SO_4^{2-}$、$AsO_3^-$、$CN^-$、$HS^-$ 等 |
| 有机阴离子 | 羧酸、脂肪酸($C<5$)、羟基羧酸、磺酸($C<8$)等 |
| 无机阳离子 | 碱、碱土金属、$NH_4^+$、胺和过渡元素(如 $Cd^{2+}$、$Pb^{2+}$、$Cr^{3+}$ 等) |
| 有机阳离子 | 烷基胺(相对分子质量小于三丙胺)、芳香胺、季胺等 |
| 其　　他 | 农药、除草剂、芳香烃等 |

## 1.3.2　质谱分析仪

质谱分析法是通过对被测样品粒子的质荷比的测定进行分析的一种方法。被分析的样品首先要离子化,然后利用不同离子在电场或磁场的运动行为的不同,把离子按质荷比分开而得到质谱,通过样品质谱和有关信息,可以得到样品的定性定量分析结果。

按质谱分析的用途,可将质谱仪分为三大类:同位素质谱仪、有机质谱仪和无机质谱仪。质谱仪的组成包括四部分:进样系统、离子源、质量分析器和检测器。其中离子源的结构与性能对分析效果的影响极大,可比作质谱仪的心脏,它与质量分析器、离子检测器皆是质谱仪器的关键部件。质谱分析法在对复杂样品的分析中起了重要的作用。在环境样品的分析中,多环芳烃、多氯联苯和大部分物质均可用质谱分析法测定。

### 1.3.2.1　离子源

离子源的作用是将样品中的原子、分子电离成离子。在进行质谱分析时,首先是使试样分子形成气态离子,并且通过离子化的过程讨论质谱方法的应用。对一个给定的分子而言,其质谱图的面貌在很大程度上取决于所用的离子化方法。离子源的性能对质谱仪的灵敏度和分辨本领等都有很大的关系。

### 1.3.2.2　质量分析器

质量分析器(或分离器)是质谱仪的重要组成部分,它的作用是将离子室产生的离子按照质荷比的大小分开,并允许足够数量的离子通过,产生可被快速测量的离子流。仅就质量分析器能分开不同的质荷比的离子而言,它的作用类似于光学中的单色器。质量分析器的种类较多,大约有20余种。

### 1.3.2.3　离子检测器

离子检测器的作用是测量、记录离子流强度,从而得到质谱图。常用的离子检测器有法拉第筒检测器、电子倍增检测器、后加速式倍增检测器等。现代的质谱仪都有计算机,其作用有两方面:一是用于仪器的控制;二是作为数据的接收、储存和处理。计算机内还可以存有十几万个标准图谱,用于样品数据作自动检索,并给出合适的结构式。

### 1.3.3 原子发射光谱仪

原子发射光谱仪是根据被测物质中不同原子的能级跃迁时所发射的原子光谱来确定该物质化学成分的仪器。各种元素在激发光的激发下发射出特有的特征谱线,以此进行定性分析。不同浓度的元素受激发时发射谱线的强度不同,以此进行定量分析。发射光谱仪主要由三部分构成:激发光源,分光系统和检测系统。

在进行发射光谱分析时,首先将样品引入激发光源中,样品获得足够的能量,经过蒸发、离解、原子化后,再激发气态原子使之产生特征辐射。蒸发、激发和产生特征辐射的过程是在激发光源中产生的,所需能量由光源发生器提供。

经激发产生的特征辐射是包括各种波长的复合光,还需要进行分光才能获得便于观察和测量的、按波长顺序排列的光谱。该过程是通过分光系统完成的,分光系统的主要部件是光栅(或棱镜),其作用就是分光。

根据光谱进行定性定量分析。检测光谱的方法有摄谱法和光电直读法。通过辨认光谱中待测元素的特征谱线是否存在来进行定性分析;通过测量光谱中待测元素特征谱线的强度来进行定量分析。

#### 1.3.3.1 激发光源

激发光源的功能是提供使样品变成原子蒸气和使原子受激所需的能量。对激发光源的要求是稳定性好、检测灵敏度高、线性范围宽等。一般的激发光源有直流电弧、低压交流电弧、高压电容火花。较新型的激发光源有等离子体光源。

#### 1.3.3.2 分光系统

近期的发射光谱仪均用光栅作为色散元件。

#### 1.3.3.3 光谱记录及检测系统

记录检测发射光谱的装置有三种:照相干板、光电倍增板和电视型检测器。发射光谱法适于测定大部分无机元素,用电感耦合等离子体光谱仪可测定72个元素,此法在环境样品的现代化分析测定中起到了重要的作用。

### 1.3.4 紫外－可见分光光度计

分光光度法由于其灵敏度和准确度高、测量的含量范围宽、可测定的元素多、设备简单、价格低廉、分析操作方便和测定快速等特点,受到了广泛的欢迎。在环境监测项目中,不仅可直接或间接地测定几乎所有金属和非金属粒子及有机污染物的含量,还可用于研究物质的组成,定性测定有机化合物结构。

紫外－可见分光光度计是基于测量不同分子结构的物质对电磁辐射的选择性吸收而求得其含量的分析仪器。它以分子吸收某一波长的光为基础,分子对光的吸收强度即吸光度($A$)是波长($\lambda$)的函数。目前常用的仪器类型包括单波长单光束型、单波长双光束型和双波长型。

分光光度计的型号种类较多,高、中、低档仪器并存。仪器的基本结构包括五大部件:光源、单色器、测量池、检测器和输出系统。以下简单介绍各部件的基本构造。

#### 1.3.4.1 光源

在紫外－可见分光光度计上,常用的光源是钨灯和氢灯(或重氢灯)。钨灯用于可见光区的连续光源(波长在 320 ~ 2500 nm 之间)。氢灯、重氢灯用于紫外光区(波长在 180 ~ 375 nm之间)。在相同的操作条件下,重氢灯的辐射强度比氢灯约大 4 倍。由于玻璃在这段波长区域内对辐射有强烈的吸收,因此灯管必须用石英玻璃。

#### 1.3.4.2 单色器

单色器的作用是将光源发出的不同波长的光色散成波长范围很窄的光。棱镜或光栅是单色器的主要部件,通常单色器还包括狭缝和透镜系统。棱镜和光栅作为色散元件的特点是分光性能好(能分出很窄的光谱带通)、辐射纯度高。玻璃棱镜用于可见光区域而石英棱镜用于紫外、可见和近红外区域。棱镜色散的缺点是其色散率随波长的改变而变化。反射光栅的优点是可用于紫外、可见和近红外区域,在整个波长区域内有良好的均匀一致的分辨能力。近代高级分光光度计有的采用双单色器,即用两个光栅或两个棱镜,或一个光栅加一个棱镜。这样就明显地减少了杂散光,提高了仪器的分辨能力。

#### 1.3.4.3 吸收池

吸收池材料有玻璃和石英两种,适用于不同的波长区域。为了减少反射损失,吸收池的光学面必须完全垂直于光束方向。

#### 1.3.4.4 检测器

检测器的功能是检测光信号并将其转变为电信号。光电倍增管是目前使用最多的一种检测器。它利用二次电子发射放大光电流至 $10^{10}$ 倍。涂在光电倍增管阴极上的光敏材料通常有锑、铂、银及碱金属等。

### 1.3.5 原子吸收分光光度计

原子吸收分光光度法是指处于基态的原子,受到光源照射时(空心阴极灯),仅吸收其特征波长的辐射,而跃迁到较高能级,将原子所吸收的特征谱线按波长或频率的次序进行排列,即可得到原子吸收光谱,由特征谱线被减弱的程度来测定试样中待测元素的含量。试样中原子的吸光度与原子浓度的关系符合朗伯 – 比尔定律。按照试样原子化过程的不同,原子吸收法可分为火焰法和无火焰法,无火焰法最常见的是石墨炉法及氢化物原子吸收法。原子吸收分光光度法的特点是:能测定几乎全部的金属元素和一些准金属元素;测定的灵敏度很高,可达 $10^{-10}$ ~ $10^{-8}$ g/mL;干扰少或易于消除;分析精密度高;分析速度快,应用范围广。

原子吸收分光光度法所用的仪器为原子吸收分光光度计(原子吸收光谱仪),一般由激发光源、原子化器、分光器、检测器与信号指示系统、数据处理系统六部分组成,其基本结构如图 1-3 所示。目前有单光束型和双光束型两种。

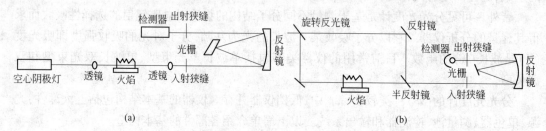

图 1-3  原子吸收分光光度计基本结构
(a) 单光束型; (b) 双光束型

### 1.3.5.1 光源

光源是原子吸收光谱仪的重要组成部分。对光源的基本要求是:发射的辐射波长半宽度要明显小于吸收线的半宽度;辐射强度要足够大;稳定性好;使用寿命长。激发光源必须是锐线光源。最常见的锐线光源是空心阴极灯,其次是无极放电灯。空心阴极灯有一个钨制阳极和一个由被测元素纯金属或其合金材料制成的空心阴极。无极放电灯是在一个封闭的石英管中放有少量被测元素的化合物,通常是卤化物,并充有几百帕压力的氩气制成放电管。无极放电灯比同元素的空心阴极灯稳定性好、寿命长,辐射强度高 1 ~ 2 个数量级。

### 1.3.5.2 原子化器

原子化器的功能是将样品中被测元素转化为所需的基态原子。用于原子吸收分光光度计的原子化器有火焰原子化器、石墨炉电热原子化器、氢化物发生原子化器和冷蒸汽原子化器。

火焰原子化器的作用是首先使试样雾化成气溶胶,再通过燃烧产生的热量使进入火焰的试样蒸发、熔融并分解成基态原子。其优点是操作简便,分析速度快,精度高,测定范围广及背景干扰少等。预混合火焰原子化器由雾化器、混合器和燃烧器三部分组成。预混合火焰原子化器只适用于低燃烧速度的火焰,不适用于以纯氧作为助燃气的高燃烧速度的火焰。

石墨炉原子化器是应用最广泛的无火焰加热原子化器。它利用电能加热盛放试样的石墨容器,产生高达 2000 ~ 3000℃ 高温,使试样蒸发与原子化。原子化程序一般包括四步:干燥、灰化、原子化和高温清洗。加热方式有慢速斜坡升温和快速升温两种方式,可根据试样的性质选择升温的方式。

氢化物发生原子化器主要由氢化物发生器、吸收池及其他部件组成。检测试样先在氢化物发生器中与强还原剂发生还原反应,生成被测元素的低沸点共价型氢化物。氢化物发生法常用来测定 Ge、Sn、Pb、As、Sb、Bi、Se、Te 等元素。

冷蒸汽原子化器又称化学原子化器,其温度在室温到数百摄氏度之间。有时是基于汞的独特性质,所以该原子化器只适用于汞的测定。测定时,先将试样进行必要的预处理,让汞转化为易于汽化的化学形态,以便汞完全蒸发出来,再将其导入气体流动吸收池进行测定。低温原子化法测定汞,常用的有两种方法,即加热汽化法和还原汽化法。

### 1.3.5.3 分光器、检测器和信号指示

分光器的作用是将所需的共振吸收线分离出来。分光器的关键部件是色散元件,多用平面或凹面光栅作为色散元件。检测器常用光电倍增管,利用其二次电子发射现象放大光电流。增益最高可达 $10^8$ 倍,暗电流最小到 $10^{-10}$ A。由检测器输出的信号,用交流放大器放大,以滤去原子吸收池产生的直流无用信号,再经对数变换,然后用检流计指示信号值,或用记录仪记录,或在 CRT 上显示。

### 1.3.5.4 数据处理系统

现代的分光光度计所有的处理全部可以通过软件完成,可以实现测量信号的积分、连续平均值、峰高、峰面积的记录,同时计算出多次测量的平均值及相对标准偏差,给操作者带来极大的方便,并大大提高了工作效率。

原子吸收分光光度法由于其本身具有的一系列优点,已成为环境监测,尤其是金属离子含量测定的有力工具,在国内外得到了广泛应用。表1-5 为原子吸收分光光度法测定部分金属元素的主要测量条件。

**表 1-5　原子吸收分光光度法测定部分金属元素的主要测量条件**

| 测定元素 | 测定波长/nm | 灯电流/mA | 原子化器 | 测定元素 | 测定波长/nm | 灯电流/mA | 原子化器 |
|---|---|---|---|---|---|---|---|
| Ag | 328.1 | 5 | 石　墨 | Cu | 324.7 | 5 | 火　焰 |
| As | 193.7 | 10 | 火　焰 | Hg | 253.6 | | 冷原子 |
| Ba | 234.9 | 10 | 石　墨 | Mn | 279.5 | 3 | |
| Bi | 306.8 | 25 | 石　墨 | Mo | 313.3 | 5 | |
| Cd | 228.8 | 5 | 石　墨 | Ni | 232.0 | 6.4 | 火　焰 |
| Co | 240.7 | 6 | 火　焰 | Pb | 283.3 | 5 | 石　墨 |
| Cr | 357.9 | 9 | 火　焰 | Zn | 213.9 | 9 | 火　焰 |

### 1.3.6　电化学分析仪器

电化学分析法是根据电化学原理和物质在溶液中的电化学性质而建立起来的一类分析方法的统称。这类方法的特点是将待测试液以适当的形式作为化学电池的一部分,选配适当的电极,然后通过测量电池的某些参数,如电阻(电导)、电极电位、电量和电流等,或者测量这些参数在某个过程中的变化情况来求分析结果。根据所测量的电参量不同,电化学分析法可分为电导法、电位法、电解分析法、库仑分析法、伏安法和极谱法等。目前大多数电化学分析仪器可实施自动化分析,在监测中应用比较广泛,如电位分析法和库仑分析法可测定大部分无机离子和部分有机化合物,如 $F^-$、$CN^-$、$SO_4^{2-}$、$NO_x$、$Pb^{2+}$、$Ni^{2+}$、$Cd^{2+}$、$Hg^{2+}$ 等;极谱分析法和伏安分析法可测定大多数无机元素以及多种有机化合物,如芳烃及多环芳烃、含硫化合物、胺类化合物、硝基化合物、金属有机化合物等。

# 2 污泥填埋预处理技术

污水处理厂污泥经过普通的脱水工艺后,污泥含水率在80%左右,通过污泥土力学性质的研究表明,污水处理厂脱水污泥强度过低,不能满足填埋强度要求,为避免由于污泥给填埋场的正常运行造成不良影响,消除安全隐患,在污泥进入填埋场之前需采取必要的工程措施,通过添加不同的改性剂来减少污泥含水率,提高抗剪强度,满足现场操作要求,使混掺物混合达到规定的相关标准后,再采用一定的施工方式进行填埋。

在国外,通常所用的改性剂为生活垃圾和土壤,但在我国,由于垃圾含水率高,污泥与垃圾混合填埋的方式较难实施。而污泥与土壤混合填埋会大大减小填埋容量,而且土壤在许多大城市,如北京、上海等比较匮乏,因此,污泥与土壤混合填埋方式在我国也难以开展。所以,寻找合适的污泥改性剂对污泥填埋操作起着重要的作用。污泥改性剂选择原则为价格低,易于获得,不造成二次污染,不影响矿化污泥的毒性和用途,能够以废治废,有利于降低污泥含水率、臭度、持水性,增大抗压和抗剪强度、渗透性能等。

## 2.1 污泥的土力学特性

土力学特性包括渗透性能,抗剪、抗压性能和压实、压缩固结特性等。渗透性能通常是通过渗透试验测定土的渗透系数来表征的;抗剪、抗压性能是通过剪切试验测定土的抗剪强度、内摩擦角和凝聚力、抗压强度等来表征的;压实性能是通过击实试验测定土的最大干密度和最优含水率来表征的;压缩固结特性是通过压缩固结试验测定土的压缩系数和固结系数,以计算土体的沉降量和沉降速率。

污泥的土工性质直接影响着污泥填埋操作和填埋场的边坡稳定性。将污泥的土工性质定量化,便于与常规工程材料进行比较,也是评价污泥的工程性质、分析有关工程现象、解决工程技术问题的基础。

与污泥填埋相关的土工性质或力学性质的研究在国外20世纪70年代已经开始进行,主要在污泥用作填埋场覆盖材料的目的下得到了较深入的研究。研究表明,高含水率、高有机质含量、高压缩性和低抗剪强度、低渗透性是纸厂污泥的一般土工性质特征,其数值范围与典型土壤相关性质的范围完全不同。

Moo-Young 和 Zimmie 研究了用作填埋场覆盖的几种纸厂污泥的土工性质。这些研究给出了稠度极限、固结参数、渗透性能特征、实验室压实(击实)曲线和抗剪强度参数,并另外提供了污泥填埋场有关的现场数据。表2-1 总结了几种被测污泥的土工性质,一般的,含水率、有机质含量、比重变化范围分别为150% ~268%,35% ~56%,1.80 ~2.08 g/cm³。塑性指数典型值变化范围为77 ~191,表明一般污泥表现为高塑性材料。渗透系数在压实黏土的范围,即大约在 $1 \times 10^{-9} \sim 1 \times 10^{-8}$ m/s。渗透性、压缩指数和比重与有机质含量线性相关。比重随着有机质含量的增加而降低,而渗透系数和压缩指数随着有机质含量的增加而增大。

表 2-1　几种造纸厂污泥的土工性质

| 污泥 | 含水率/% | 有机质含量/% | 比重/g·cm⁻³ | 液限/% | 塑限/% | 塑性指数 | 压缩指数 $C_c$ | 内聚力 $C'$ | 内摩擦角 $\varphi'/(°)$ |
|---|---|---|---|---|---|---|---|---|---|
| A① | 150~230 | 45~50 | 1.88~1.96 | 285 | 94 | 191 | 1.24 | 2.8 | 37 |
| B | 236~250 | 50~60 | 1.83~1.85 | 297 | 147 | 150 | 1.80 | 5.5 | 37 |
| C₁② | 255~268 | 54~56 | 1.80~1.84 | — | — | — | 1.53 | — | — |
| C₂③ | 180~198 | 47~49 | 1.90~1.93 | 218 | 114 | 104 | 1.27 | — | — |
| C₃④ | 220~240 | 40~45 | 1.96~1.97 | 220 | 143 | 77 | 1.96 | 9.0 | 3.2 |
| D | 150~185 | 42~46 | 1.93~1.95 | 255 | 138 | 117 | 1.23 | 5.5 | 40 |
| E | 150~200 | 35~40 | 1.96~2.08 | — | — | — | 1.59 | — | — |

① Erving 造纸厂污泥;
② 国际纸业公司,填埋一周的污泥;
③ 国际纸业公司,填埋 2~4 年的污泥;
④ 国际纸业公司,填埋 10~14 年的污泥。

标准中逐渐加载 24 h 固结试验表明,孔隙比和最终应变降低很多,多达 60%。对现场试样进行的一维固结试验得到了高压缩指数 $C_c$,范围在 1.24~1.96。通过固结不排水(CU)三轴压缩试验,测得污泥的排水剪切强度参数有效内聚力 $C'$ 的变化范围为 2.8~9.0 kPa,有效内摩擦角 $\varphi'$ 的变化范围为 25°~37°。污泥中有机纤维的存在,导致测出的 $C'$ 值与普通固结黏土不同,也造成测定的 $\varphi'$ 值较高。典型的标准普氏压实曲线含水率范围很宽,约 30%~270%,最佳含水率接近 50%,干密度变化范围为 0.33~0.83 g/cm³。

压实实验所用污泥需要自然干化,从而保持污泥的塑性和物理稠度,而通常通过炉烘干再弄湿的典型的土壤压实试验的步骤,会使污泥失去稠度。柔性壁渗透试验使用的有效应力为 34.5 kPa。

关于纸厂污泥防渗层沉降应变和相应的渗透性能的研究表明,经过大约 640 天的时间,覆盖层发生了 18% 的沉降应变,在沉降板附近地点测定的渗透系数由最初的大约 $1 \times 10^{-9}$ m/s 下降为 $3.8 \times 10^{-10}$ m/s,含水率也从约 170% 下降到 92%。污泥物理性质的变化是由固结引起的,即使在低荷载压力下也会引起高沉降应变。经过固结作用,渗透系数可由临界值减少到可接受的范围内。与压实黏土类似,经历 15~25 轮冻融循环后,污泥的渗透系数可升高 1~2 个数量级。

根据相关统计,采用不同调理、处理工艺、脱水方式的城市污泥抗剪强度见表 2-2。可以看出,普通的脱水工艺后污泥含水率在 80% 左右,平均强度在 5 kPa 左右,脱水后的污泥一般不能满足填埋的最低强度(抗剪强度 25 kPa),如果不用改性剂提高其抗剪强度,就不能大面积用机械操作连续填埋,除非采用沟填法填埋。

表 2-2　城市污泥含固率与抗剪强度

| 调理/处理工艺 | 离心脱水 | | 普通压滤脱水 | |
|---|---|---|---|---|
| | 含固率/% | 抗剪强度/kPa | 含固率/% | 抗剪强度/kPa |
| 投加电解质 | 20~30 | <10 | 25~40 | 18~50 |
| 投加电解质,并使用最新技术 | 28~40 | 5~18 | — | — |

| 调理/处理工艺 | 离 心 脱 水 | | 普通压滤脱水 | |
|---|---|---|---|---|
| | 含固率/% | 抗剪强度/kPa | 含固率/% | 抗剪强度/kPa |
| 投加金属盐和消石灰 | — | — | 37 ~ 65 | 20 ~ 50 |
| 高温热调理 | 40 ~ 50 | 40 ~ 55 | >50 | 50 ~ 100 |
| 聚合物调理并用反应改性剂后处理 | 30 ~ 50 | 5 ~ 100 | — | — |
| 聚合物调理并用非反应改性剂后处理 | 25 ~ 40 | 0 ~ 5 | — | — |
| 石灰前处理并用聚合物调理 | 30 ~ 50 | 0 ~ 100 | — | — |
| 聚合物调理并用垃圾后处理 | 50 ~ 80 | >30 | — | — |

德国的 R. Otte-Witte 对污水处理厂产生的污泥岩土力学性质进行了调查,研究了脱水设备、污泥含固率、污泥调理对污泥岩土力学性质的影响,发现抗剪强度与污泥含固率之间不存在线性关系,提出了可行的测量污泥强度的方法,并提出了通过添加粉煤灰、石灰、水泥等调理剂提高污泥抗剪强度的方法。研究了抗剪强度对填埋操作和填埋堆体稳定性的影响。

Knut Wichmannn 和 Andreas Riehl 对德国 17 个水厂的污泥(有九种铁盐污泥,四种铁盐和铝盐絮凝污泥,一种带有粉末活性炭的铝盐絮凝污泥和石灰调理的污泥)的含固率与污泥强度的关系进行了研究,发现两者基本呈正相关关系。德国的脱水污泥约 90% 满足不了填埋的强度要求。比较了实验室十字板剪切仪、便携式十字板剪切仪和便携式触探仪三种仪器检测污泥抗剪强度的适用性和测定值的相关性。实验室十字板剪切仪可以作为测定污泥抗剪强度的参考设备,而野外使用的便携式触探仪易于操作且更实用。

1993 ~ 1999 年,A. Koening 和 J. N. Kay 对中国香港 7 个水厂的脱水污泥共取样 272 个,对污泥的十字板剪切强度进行了统计性研究。六年的实验结果表明,当总固体含量在 11.42% ~ 36.10% 之间时,脱水污泥抗剪强度的变化范围为 1.51 ~ 36.06 kPa,不同水厂的脱水污泥的总固体含量与十字板剪切强度变化很大,取决于污泥的种类和脱水方法。一般的,中国香港的脱水污泥满足不了填埋处置所需的最小强度要求。十字板剪切强度与总固体的关系与土的临界状态模型符合得较好,可用含固率来估计抗剪强度。污泥处置于填埋场时,污泥的低渗透性可能导致填埋场内局部不透水。中国香港垃圾填埋堆高达到 150 m,污泥与垃圾混合填埋时的污泥对堆体的稳定性的影响不容忽视。

张华参考常规土工实验,对污水处理厂生物污泥和化学污泥的土力学性质进行了研究,为全面了解污泥的工程性质提供了具有重要参考价值的基础数据。结论如下:

(1) 污泥的本质与常规土差别很大,使其土工实验测得的各种指标都与常规土的典型值范围完全不同。化学强化一级处理污泥和二级处理生物污泥的含水率、孔隙比、饱和度、液限和塑限都很高,化学污泥的孔隙比和压缩性低于生物污泥,抗剪和抗压性能好于生物污泥。

(2) 上海白龙港污水处理厂化学污泥在 50 ~ 100 kPa 下的渗透系数为 $2.07 \times 10^{-8}$ ~ $1.21 \times 10^{-7}$ cm/s。可以认为,污泥单独填埋场的渗滤液产生量要比垃圾填埋场的少很多。纯污泥填埋将难以进行渗滤液回灌处理,且填埋气体的有效收集半径很小。

(3) 污泥泥饼的含水率与有机质含量呈线性正相关关系,有机质含量高是脱水污泥含水率高的根本原因。

（4）含水率是影响污泥土工性质的主要因素,污泥的强度和内摩擦角与含水率负相关。新鲜脱水污泥抗压强度小于 10 kPa、抗剪强度小于 5 kPa,根本无法直接填埋。当含水率降到 64% 左右,污泥的抗压强度和抗剪强度分别增大到 50 kPa 和 25 kPa,可以满足填埋作业的强度要求,建造成 12.6° 的边坡在填埋操作中可能不会造成滑坡问题。

（5）污泥单独填埋时,考虑表面覆土情况下,污泥的填埋厚度最大不宜超过 9 m。堆体过高会使底部污泥发生软化现象,堆体的安全将受到威胁。

（6）白龙港化学污泥受压瞬间的沉降变形量很大,达到试样高度的 37%。随后压缩固结速度迅速变慢。增大压力不能有效地加速排水固结。污泥难以固结和受压易流变的实质是污泥中的孔隙水承压,而孔隙水又因污泥的渗透性极低很难排出。

（7）污泥的压缩性很高。50～100 kPa 内的白龙港化学污泥的压缩性指标为:压缩系数 $\alpha_{0.5-1} = 6.98 \text{ MPa}^{-1}$,压缩模量 $E_s = 0.46 \text{ MPa}$,压缩指数 $C_c = 1.16$。50 kPa 下污泥的固结系数 $C_v = 0.010726 \text{ cm}^2/\text{s}$。

目前,国内对于各种污泥的土力学性质还缺乏了解,污泥的土工学性质对污泥填埋场的边坡稳定性和填埋操作有很大的影响。污泥填埋没有规范和标准,国内的填埋场普遍缺乏污泥填埋运行的理论和实践经验的指导。应该进一步对污泥的土工学特性进行深入全面的研究,建立各种特性的关系曲线,针对污泥的工程性质制定适宜的填埋工艺,以便为污泥的填埋作业提供理论和技术的支持和指导。

## 2.2　污泥填埋预处理技术标准

为了将污水处理厂污泥进行合理改性并达到卫生填埋的标准,保证填埋过程中的安全性,同时,对污水处理厂污泥进行合理有效的处理,需要对污泥混合填埋技术制定相应的标准以满足填埋作业要求。

在污泥中掺入一定比例的改性剂,均匀混合并经过一定时间的简单稳定化处理来降低污泥的含水率,提高污泥的承载能力,同时消除其膨润持水性。改性后污泥进行填埋的准入条件见表 2-3。

表 2-3　改性后污泥进行填埋的准入条件

| 项　目 | 条　件 |
| --- | --- |
| 含水率/% | <60 |
| 无侧限抗压强度/kPa | ≥50 |
| 十字板抗剪强度/kPa | ≥25 |
| 臭　度 | <3 级（六级臭度强度法） |

在这些准入条件中,含水率的规定主要是为了辅助抗压强度和抗剪强度进行初步的预估,在实际操作中比较方便;无侧限抗压强度和十字板抗剪强度的规定主要是为了保证污泥的承压性能,满足填埋机械作业要求;臭度条件是为了保证污泥能满足填埋场的卫生条件。

在垃圾填埋场的实际操作中,作业机械的最大对地压力为 50 kPa 左右,实际污泥填埋操作应选用低压推土机。参照德国污泥填埋时的无侧限抗压强度不小于 50 kPa,以及十字板抗剪强度不小于 25 kPa 的要求,实验中只要能使污泥的承压能力达到 50 kPa、十字板抗剪强度达到 25 kPa,即可认为满足填埋场机械作业要求。

为使改性污泥顺利地排出雨水,改性污泥渗透系数应达到 $10^{-6} \sim 10^{-5}$ cm/s 数量级。

污泥填埋时应适当控制蝇密度和恶臭的散发。改性剂可吸附污泥释放的臭气,将污泥的臭度和对苍蝇的吸引降低到可接受的程度。根据 GB 16889—1997《生活垃圾填埋污染控制标准》和 GB 14554—1993《恶臭污染物排放标准》,采用适用范围较广的二级标准值中新扩改建项目执行的标准值——硫化氢浓度为 0.06 mg/m³。相应的臭度级别为 3 级,即改性后污泥的臭度应降低到 3 级以下。

## 2.3 污泥与矿化垃圾混合预处理技术

矿化垃圾,严格地说应该是基本稳定或是部分稳定化的垃圾,并不是指完全无机化或矿化的垃圾,一般是指封场 8 年以上的陈垃圾,因为这个阶段,单元中的垃圾渗滤水已经基本达到或超过其排放的三级标准:SS 浓度不大于 400 mg/L,COD 浓度不大于 1000 mg/L,BOD 浓度不大于 600 mg/L,且其中主要为难于被微生物利用和降解的腐殖质。通过对一个封场后 7 年的渗滤水水样进行研究,其研究结果表明,有 65.5% 的 TOC 是以腐殖质的形式存在的,且相对分子质量较大,比较稳定的胡敏酸在总的 TOC 中所占比例超过相对分子质量较小的富里酸 10%。这也从一个侧面反映了垃圾在填埋 8 年以上的时间后,大部分不稳定易分解的有机物或者被微生物利用形成甲烷、二氧化碳和水等无机物达到完全无机化,或者形成了在自然界中相对比较稳定的腐殖质。把垃圾中有机质主要以腐殖质形式存在的特征作为矿化垃圾概念的标准,将这一类垃圾称为基本稳定的垃圾,即上面所提到的矿化垃圾。

矿化垃圾可在填埋场中就地取材,数量充足,将污泥填埋于已有垃圾填埋场时,可以优先考虑采用矿化垃圾与污泥混合填的方法。因开采矿化垃圾而腾出的空间,可以继续填入垃圾或污泥,实现填埋场的再利用。和外运泥土与污泥混合填埋相比,矿化垃圾与污泥混合填埋还具有不额外占用填埋空间的优势,这在工程应用中有很大的实用价值。

上海同济大学赵由才课题组研究发现,矿化垃圾与污泥混合比例达到 1:2 时,混合材料即可达到污泥填埋的技术标准。

### 2.3.1 矿化垃圾作为污泥填埋添加剂的可行性分析

对上海老港填埋场不同填埋年限垃圾进行筛分后将小于 15 mm 粒级的矿化垃圾细料作为污泥添加剂。将矿化垃圾细料作为污泥填埋添加剂的可行性分析介绍如下。

#### 2.3.1.1 物化性质

小于 15 mm 的组分主要是颗粒较为细小均匀的类腐殖质物质。表观灰黑色,分散、呈粒状,无异味,颗粒均匀,无细小塑料碎玻璃、碎石头,含水率在 35% 以下,孔隙大,未受压时容重小,约为 1000 kg/m³,液限为 124%,塑限为 97%。垃圾细料(小于 15 mm)组成与性质见表 2-4。

表 2-4 两组矿化垃圾细料的主要化学性质

| 填埋期 | 电导率 /S·cm⁻¹ | 有机质含量/% | pH 值 | 总氮(按干污泥含 N 计)/% | 总磷(按干污泥含 P₂O₅ 计)/% | 总钾(按干污泥含 K₂O 计)/% | 每 100 g 干垃圾阳离子交换量/MEQ |
|---|---|---|---|---|---|---|---|
| 10 年 | 334.5 | 9.69 | 7.65 | 0.41 | 1.02 | 0.94 | 68.7 |
| 6 年 | 1810.0 | 10.47 | 7.42 | 0.76 | 1.18 | 0.62 | 71.4 |

这些特性均表明矿化垃圾细料具有优良的理化性质,当其与污泥混合填埋时,能提供极好的吸附交换条件和优良的微生物生命活动环境。

#### 2.3.1.2　水力学特性

填埋10年垃圾和填埋6年垃圾的饱和水力渗透系数 $K_s$ 测试结果表明,填埋10年垃圾和填埋6年垃圾细料 $K_s$ 值在数量级上接近中砂土、粗砂土和砂砾混合物,显示出矿化垃圾细料具有极强的传输水能力和水力负荷。当污泥与矿化垃圾混合时,对填埋过程具有重要影响作用的因素是水力渗透性能,它决定了渗滤液排出的速度和混合物稳定化的时间。表2-5所示为两组矿化垃圾细料及不同质地土壤的饱和水力渗透系数 $K_s$ 值。

表2-5　两组矿化垃圾细料及不同质地土壤的饱和水力渗透系数 $K_s$ 值　　　cm/min

| 介质种类 | 填埋10年垃圾 | 填埋6年垃圾 | 壤　土 | 中砂土 | 粗砂土 | 砂砾混合 |
|---|---|---|---|---|---|---|
| 饱和水力渗透系数 $K_s$ | 1.232 | 0.986 | 0.007 ~ 0.069 | 0.347 ~ 1.389 | 1.389 ~ 6.389 | 0.347 ~ 6.944 |

#### 2.3.1.3　细菌总数

生活垃圾在填埋场长期填埋过程中,不断发生着各种生物化学反应,尤以生物反应过程为主,这使得它逐渐成为一个微生物数量种类繁多、多相多孔的生物活体。微生物和环境因素及其间的相互作用形成了填埋垃圾具有特殊新陈代谢性能的无机、有机、生物复合体生态系统。矿化垃圾中生存有数量庞大、种类繁多的微生物,由于其特殊的形成历程,这些微生物尤以多阶段降解性微生物为主,将矿化垃圾作为污泥添加剂,会极大地增加污泥中的微生物种类和数量,有利于污泥的降解稳定。表2-6所示为两组矿化垃圾细料及部分壤土的细菌总数值。

表2-6　两组矿化垃圾细料及部分壤土的细菌总数值

| 样品(取样地) | 填埋10年垃圾细料(上海) | 填埋6年垃圾细料(上海) | 红壤(杭州) | 砖红壤(徐闻) | 水稻土(江苏) | 暗栗钙土(满洲里) |
|---|---|---|---|---|---|---|
| 每1g干垃圾细菌总数/个 | $8.63 \times 10^6$ | $9.02 \times 10^6$ | $11.03 \times 10^6$ | $5.07 \times 10^6$ | $32.30 \times 10^6$ | $9.05 \times 10^6$ |

#### 2.3.1.4　矿化垃圾的致病性检验

上海老港垃圾场1994年填埋的垃圾经过筛分后,对小于15 mm矿化垃圾细料中的乳鼠接种、反向间接血凝试验检测,检验了O型口蹄疫病毒、致病性大肠杆菌、沙门氏菌、链球菌、金黄色葡萄球菌,检验结果证明矿化垃圾细料中无这些致病性细菌。

#### 2.3.1.5　矿化垃圾的重金属含量分析

矿化垃圾的重金属含量如表2-7所示。从表中可以看出,矿化垃圾中重金属的含量都没有超过污泥农用、园林绿化等标准。

表2-7　矿化垃圾的重金属含量

| 指标　土样 | Cr含量 /mg·kg$^{-1}$ | Ni含量 /mg·kg$^{-1}$ | Cu含量 /mg·kg$^{-1}$ | Pb含量 /mg·kg$^{-1}$ | Cd含量 /mg·kg$^{-1}$ |
|---|---|---|---|---|---|
| 矿化垃圾(按干泥计) | 232.3 | 56.64 | 730.2 | 188.7 | 0.0402 |

#### 2.3.1.6　矿化垃圾中腐殖质作用

矿化垃圾有疏松的结构和较大的表面积,这是由于富含腐殖质所表现出来的优良特征。

腐殖质具有疏松的海绵状结构,使其产生巨大的比表面积($330 \sim 340 \ \mathrm{m^2/g}$)和表面能,能够迅速吸收污泥中的水分,增加污泥强度。同时,腐殖质分子结构中所含的活性基团能与污染物质特别是金属离子进行离子交换、配合或螯合反应,这是腐殖质类物质能去除污染物质的理论基础。另外,较高的腐殖质含量为以后的矿化污泥农用提供了很好的肥料。

综上所述,从物理、化学和水力学性质等来看,矿化垃圾具有较大的比表面积、松散的结构、较好的水力传导和渗透性能、适宜的 pH 值、较好的阳离子交换能力等;从生物角度来看,矿化垃圾有优良的生物种群和较高的细菌总数,且矿化垃圾中无致病性病毒。说明矿化垃圾完全适合作为一种优良的污泥填埋改性剂。

### 2.3.2 矿化垃圾－污泥混合材料承压性能

将矿化垃圾与污泥按照不同比例混合,测定其混合材料的承压性能,用来进行实验的污泥含水率为 78% ~ 81%,矿化垃圾含水率为 10% ~ 25%。取 200 mL 钢杯(杯深 9 cm 左右)10 个,分别装满 1 ~ 10 号实验材料,将其依次置于承压实验装置中,分别对每种实验材料施加 50 kPa 和 100 kPa 的荷载,观察它们在相应压强作用下静置 10 min 后是否有流变现象发生。

当出现下列现象之一时,即认为实验材料发生了流变现象:

(1)透水石周围(即透水石与钢杯之间)的实验材料有明显的竖向挤出、隆起甚至明显流动等现象;

(2)施加荷载后,透水石沉降速率过大;

(3)沉降量过大,在沉降稳定后,杯底压实层厚度小于初始厚度的 1/3;

(4)在某级荷载下,10 min 后仍不能达到稳定压实状态;

(5)沉降不均匀,透水石出现严重倾斜。

一般而言,以第一种现象为流变现象是否发生的主要判据。表 2-8 所示为矿化垃圾－污泥混合材料的无侧限承压性能测试。

表 2-8　矿化垃圾－污泥混合材料的无侧限承压性能测试

| 序号 | 混合比例 | 第一次实验 | | 第二次实验 | | 第三次实验 | |
|---|---|---|---|---|---|---|---|
| | | 是否发生流变 | | 是否发生流变 | | 是否发生流变 | |
| | | 50 kPa | 100 kPa | 50 kPa | 100 kPa | 50 kPa | 100 kPa |
| 1 | 15:10 | 否 | 否 | 否 | 否 | 否 | 否 |
| 2 | 12:10 | 否 | 否 | 否 | 否 | 否 | 否 |
| 3 | 10:10 | 否 | 否 | 否 | 否 | 否 | 否 |
| 4 | 9:10 | 否 | 否 | 否 | 否 | 否 | 否 |
| 5 | 8:10 | 否 | 否 | 否 | 否 | 否 | 否 |
| 6 | 7:10 | 否 | 否 | 否 | 否 | 否 | 否 |
| 7 | 6:10 | 否 | 否 | 否 | 否 | 否 | 否 |
| 8 | 5:10 | 否 | 否 | 否 | 否 | 否 | 否 |
| 9 | 4:10 | 轻微 | 轻微 | 轻微 | 是 | 是 | 是 |
| 10 | 3:10 | 是 | 是 | 是 | 是 | 是 | 是 |
| 11 | 2:10 | 是 | 是 | 是 | 是 | 是 | 是 |
| 12 | 1:10 | 是 | 是 | 是 | 是 | 是 | 是 |

注:混合比例是指矿化垃圾与污泥的质量比。

混合材料在混合比例(矿化垃圾:污泥)大于0.5后都不再发生流变现象,能满足填埋场现场作业的承压要求。而且在混合比例为5:10的情况下,污泥的臭度已不明显,黏度基本消除,也不会再在填埋机械作业时在其履带上黏附大量污泥,可以认为,如果不考虑稳定化的情况下,在含水率为80%左右的污水处理厂污泥中掺入50%的矿化垃圾后可满足污泥填埋的技术要求。

### 2.3.3　矿化垃圾－污泥混合材料抗剪性能

快剪实验和固结快剪实验的目的在于考核将污泥作为覆盖材料后堆体的边坡稳定性,其中快剪实验考核的是覆盖施工之初的边坡稳定性,而固结快剪实验考核的是施工完成后污泥已被压实稳定后的边坡稳定性。

快剪实验的实验方法为取相同混合比例的四个样品在不同的垂直压力下做直接剪切试验,垂直压力分别为14.6 kPa、28.7 kPa、35.8 kPa和50 kPa。剪切速率控制在0.8 mm/min,使试样在3～5 min内剪坏。同时,对剪切后余下的样品测含水率,以作为精确控制的含水量。

表2-9～表2-14以及图2-1～图2-6依次为混合比例(矿化垃圾:污泥)为2:10～7:10的六个矿化垃圾－污泥试样在不同垂直压力下进行快剪实验所得的实验结果。污泥的含水率远高于矿化垃圾,那么,矿化垃圾的掺入则意味着污泥含水率的降低。污泥的颗粒之间本来是存在着基质吸力(如范德华力)的,但在水分的作用下,可使污泥颗粒的表面形成水膜,并且水膜随含水率的升高而增厚,矿化垃圾掺入后伴随的含水率的降低则能有效消除水膜,提高污泥颗粒、污泥颗粒与矿化垃圾颗粒之间的基质吸力。另外,污泥中还有大量具有胶结作用的有机质,含水率降低后,这些有机质也能起到一种类似于高分子混凝剂的吸附搭桥作用,从而使污泥的抗剪性能进一步得到提高。

表2-9　矿化垃圾－污泥(混合比例为2:10)快剪实验抗剪强度

| 垂直压力/kPa | 14.6 | 28.7 | 35.8 | 50 |
|---|---|---|---|---|
| 抗剪强度/kPa | 1.6 | 2.3 | 2.3 | 3.0 |

注:垂直压力为50 kPa时试样已发生流变。

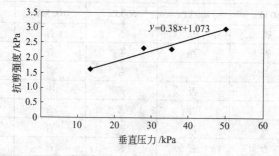

图2-1　矿化垃圾－污泥(混合比例为2:10)的抗剪性能

表2-10　矿化垃圾－污泥(混合比例为3:10)快剪实验抗剪强度

| 垂直压力/kPa | 14.6 | 28.7 | 35.8 | 50 |
|---|---|---|---|---|
| 抗剪强度/kPa | 1.7 | 2.2 | 2.8 | 3.8 |

注:垂直压力为50 kPa时试样已发生流变。

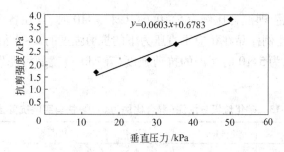

图 2-2 矿化垃圾 - 污泥(混合比例为 3:10)的抗剪性能

**表 2-11 矿化垃圾 - 污泥(混合比例为 4:10)快剪实验抗剪强度**

| 垂直压力/kPa | 14.6 | 28.7 | 35.8 | 50 |
| --- | --- | --- | --- | --- |
| 抗剪强度/kPa | 1.8 | 2.4 | 3.2 | 4.0 |

注:垂直压力为 50 kPa 时试样已发生轻微流变。

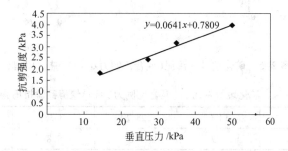

图 2-3 矿化垃圾 - 污泥(混合比例为 4:10)的抗剪性能

**表 2-12 矿化垃圾 - 污泥(混合比例为 5:10)快剪实验抗剪强度**

| 垂直压力/kPa | 14.6 | 28.7 | 35.8 | 50 |
| --- | --- | --- | --- | --- |
| 抗剪强度/kPa | 3.8 | 4.4 | 5.8 | 7.7 |

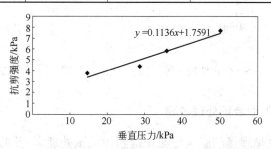

图 2-4 矿化垃圾 - 污泥(混合比例 5:10)的抗剪性能

混合比例为 2:10、3:10 和 4:10 的三个矿化垃圾 - 污泥试样在 14.6 kPa、28.7 kPa 和 35.8 kPa 下的抗剪强度值非常接近。这说明在低混合比例下,即掺入的矿化垃圾的量比较少时,污泥的流变特性并没有随着矿化垃圾的掺入比例提高而得到明显改善。而这几个混合比例的试样在垂直压力为 50 kPa 下均发生了流变,大部分实验材料均从剪切仪样品槽中被挤出,因此,所得的 50 kPa 下的抗剪强度值可靠性不高,但这也恰恰从另一个方面说明了流变特性与污泥的抗剪性能也有一定关系,抗剪强度低时污泥的承压能力也不高。对于几个较高混合比例的样品,即混合比例为 5:10、6:10 和 7:10 时,其在各个垂直压力下的抗剪强度均为上述低混合比例样品在相应垂直压力下的抗剪强度的 2~4 倍,而且此时污泥没有发生流变,因此可以认为 5:10 时污泥的抗剪强度(7.7 kPa)就是污泥发生流变的临界抗剪强度值。

表 2-13　矿化垃圾 – 污泥(混合比例为 6:10)快剪实验抗剪强度

| 垂直压力/kPa | 14.6 | 28.7 | 35.8 | 50 |
|---|---|---|---|---|
| 抗剪强度/kPa | 4.3 | 5.3 | 6.1 | 9.1 |

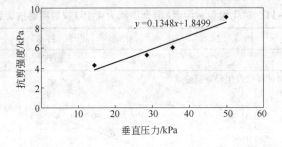

图 2-5　矿化垃圾 – 污泥(混合比例为 6:10)的抗剪性能

表 2-14　矿化垃圾 – 污泥(混合比例为 7:10)快剪实验抗剪强度

| 垂直压力/kPa | 14.6 | 28.7 | 35.8 | 50 |
|---|---|---|---|---|
| 抗剪强度/kPa | 5.9 | 7.6 | 9.8 | 11.0 |

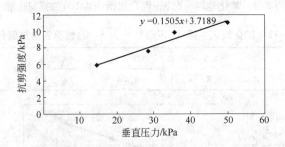

图 2-6　矿化垃圾 – 污泥(混合比例为 7:10)的抗剪性能

### 2.3.4　矿化垃圾与污泥混合预处理过程

　　从污水处理场运到填埋场的脱水污泥先运到污泥预处理区,并卸入污泥储池。污泥储池的容积要根据每天填埋的污泥量来确定,同时还要考虑在污泥短缺情况下对污泥有适当的储备,从而保证填埋作业的顺利进行。筛分好的矿化垃圾存放在矿化垃圾堆放区。矿化垃圾堆放区地面最好倾斜 1%,以利于矿化垃圾中水分的及时排出。研究发现,污泥和矿化垃圾按 2:1 的比例可以满足填埋要求,在现场施工操作中,还需根据大规模混合后物料性质来确定具体的比例。根据确定好的现场混合比例,污泥和矿化垃圾分别由传送带传至混合搅拌机进行混合。为减少污泥混合过程中散发的臭气,可以适当喷洒掩蔽剂。经充分混合搅拌后,混合料如果达到污泥填埋技术标准,则污泥混合料可直接进入填埋场进行填埋,否则需由装载机运入车间翻堆稳定化区,堆成条垛,并每天翻堆一次,对翻堆过的混合料样品进行分析测试,看其翻堆不同天数后混合料性质的变化情况,直至混合料达到填埋标准。矿化垃圾和污泥混合预处理技术路线见图2-7。

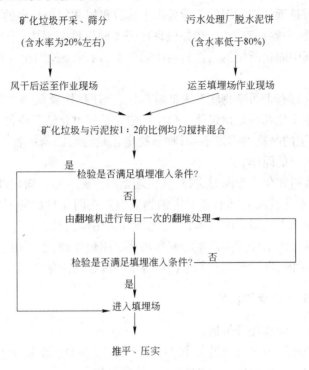

图2-7 矿化垃圾和污泥混合预处理技术路线

技术路线中提到的这种污泥与矿化垃圾混合堆肥的稳定化车间与常规的堆肥工厂在建设上的侧重点应有所不同。首先,这种稳定化车间对出厂产品的首要要求应该是含水率和承压能力,是否完全稳定化则并不十分重要,因为这种产品只要能满足作业要求即可。其次,应充分考虑一些措施来加强阳光照射和通风的效果,以尽量加速产品合格出厂的速度,如屋顶可采用透明材料(塑料薄膜)构成,稳定化车间并不需要密闭,可任其四面通风等。再次,稳定化车间的面积应留有一定处理能力的余地,以保证在连绵雨天时能暂存污水处理厂产生的大量污泥。最后,稳定化堆体高度不要太大,以小于1m为宜,目的是防止堆体内部厌氧而产生恶臭,降低产品的卫生条件。在稳定化车间翻堆天数不能超过5天,如超过5天,则需在混合搅拌时加大矿化垃圾的比例。

现场施工监测时,要在混合搅拌机下料取样,每一次监测时,采取随机取一个混合料样品的方法,同时还要取多个混合料样品混合后的样品进行监测。要求任一个样品的监测结果都要满足规定的标准。监测频率应该达到每天至少一次。在雨天过后应及时进行监测以指导现场污泥与矿化垃圾的混合比例。

填埋场中的道路应使用钢板或水泥地面等以满足各种机械作业的要求,同时使其适合各种气候的工作,尤其在雨雪天气中要保障降雨雪后运行的安全。混合过程作业面、道路、填埋区域周围必须至少向排水渠或坑倾斜1%,作业面及挖掘的排水用液压潜水排污泵泵入渗滤池。

## 2.4　污泥固化和稳定化预处理技术

污泥固化处理是近年来污泥的工业处理上普遍重视和使用较多的一种方法。它是指用物理/化学方法将污泥颗粒胶结、掺和并包裹在密实的惰性基材中,形成整体性较好的固化体的一种过程。其中固化所用的惰性材料叫固化剂,污泥经过固化处理所形成的固化产物为固化体。

稳定化是将有毒有害污染物转变为低溶解性、低迁移性及低毒性的物质过程。稳定化一般可分为化学稳定化和物理稳定化。化学稳定化是通过化学反应使有毒物质变成不溶性化合物,使其在稳定的晶格内固定不动;物理稳定化是将污泥与一种疏松物料(如粉煤灰)混合生成一种粗颗粒的固体。

污泥的固化和稳定化一般同时进行,其机理是向污泥中加入固化剂,通过一系列复杂的物理化学反应(如水化反应),将有毒有害的物质固定在固化形成的网链(晶格)中,使其转化成类似土壤或胶结强度很大的固体,可就地填埋或用作建筑材料等。污泥固化/稳定化处理技术既可用于城市污水处理厂产生的普通污泥的固化处理,也可用于特殊工业污泥,如含重金属污泥、含油污泥、电镀污泥和印染污泥等危险废物的固化处理。

### 2.4.1　污泥固化处理目标和优势

污泥固化处理目标和优势包括:

(1)对污水处理厂污水处理过程中产生的污泥进行稳定化、减量化、无害化处理,使污水处理厂的设计和运营标准化,便于实现污泥的资源化。

(2)污泥处理工程的设计充分考虑到污水处理工艺运行工况的变化。污泥处理兼顾污水处理工程现状、考虑不同污泥的性质差异,污泥处理流程做到可分可合、灵活切换。

(3)有害废物经固化处理后所形成的固化体应具有良好的抗压强度、抗渗透性、抗浸出性、抗干湿性、抗融冻性及足够的机械强度等。

(4)可以控制污泥中臭气的挥发,达到 GB 18918—2002《城镇污水处理厂污染物排放标准》中规定的废气排放标准。

(5)固化过程中材料用量少、能量消耗低、增容比低。

(6)固化工程投资省、上马快;操作简单;固化剂来源丰富,廉价易得。

### 2.4.2　传统污泥固化方法

固化技术可按不同的固化剂分为水泥固化、石灰固化、沥青固化、塑料固化、玻璃固化等。前两种方法适用于处理大量的无机废物,最为常用,其余各种方法的处理成本一般都比较高。

#### 2.4.2.1　水泥固化

水泥是一种无机胶结剂,经水化反应后可形成坚硬的水泥块,能将砂、石等添加料牢固地黏结在一起。水泥固化有害废物就是利用水泥的这一特性。对有害污泥进行固化时,水泥与污泥中的水分发生水化反应生成凝胶,将有害污泥微粒分别包容,并逐步硬化形成水泥固化体,这种固化体的结构主要是由水泥中 $3CaO \cdot SiO_3$ 等矿物的水化反应产物组成,水化结晶体内包进了污泥微粒,使得其有害物质被封闭在固化体内,从而达到污泥的无害化、稳定化的目的。

水泥固化法的优点主要有:(1)工艺简单,设备投资、动力消耗和运行费用都比较低,固化剂水泥和其他添加剂价廉易得;(2)操作条件简单,且常温下即可进行,并且固化体强度高、长期稳定性好,对受热和风化也有一定的抵抗力,因而其利用价值较高;(3)尤其对含有有害物质的废物,如电镀污泥等的处理十分有效;(4)对于污泥固化方法中,水泥固化法是最经济的。

其缺点是:(1)固化体孔隙率较大,仍会有较高的浸出率,通常为 $10^{-6} \sim 10^{-4}$ g/( $cm^2$ · d);(2)固化后增容比例高,达 1.52。虽然如此,水泥固化在工程中仍被广泛应用。

### 2.4.2.2　石灰固化

石灰污泥固化法也称 SSD 工法。固化剂的主要成分是生石灰,当石灰与水反应生成一种类似火山岩混凝土的硬物质,即俗称的"火山灰混凝土"。而实际应用上,石灰固化法常以飞灰、鼓风炉渣、水泥窑灰等为添加剂。

其原理是污泥遇到石灰后会发生下列反应,进而致使污泥固化。

A　水化反应

以生石灰为主要成分的石灰固化剂与污泥中的水分发生水化反应,产生热量(温度升至 60~80℃)致使污泥中的水分蒸发。

B　离子交换反应

带负电荷的土颗粒与石灰中的钙离子(正离子)发生结合,使悬浮的土颗粒发生沉淀凝聚。

C　普查兰(灰结)反应

凝聚土颗粒与钙离子反应形成结晶产生硬化。

D　碳化反应

石灰与土中的碳酸和空气中的二氧化碳发生反应生成固化碳酸钙。由于碳酸钙基本不溶于水,一旦产生碳酸钙化,则污泥就不再泥化。

石灰固化法的优点为:(1)我国石灰产量多,是极易取得的固化材料;(2)可使固化体的韧性随时间而增加;凝固时间短,操作方便。

其主要缺点为:(1)增加固化物重量及体积,形成另一个处置上的考虑因素;(2)固化体易受强酸性液体破坏。

### 2.4.2.3　热塑型固化法

本法系用固化剂的热塑原理将废弃物包结固化,而所谓热塑性系指物体(多为高分子体)经加热处理后,物性改变成具有可塑性或利于加工。此种固化法常用的固化剂有:石蜡、聚乙烯、沥青或柏油等。

此方法的优点为:(1)不会使固化后的废弃物体积增加太大;(2)内容物的渗出率远低于其他方法;(3)固化后产物对大部分溶液具抵抗性;(4)热塑性物质易与废弃物形成良好的结合。

此方法的缺点为:(1)需要较贵的设备及较高技术;(2)废弃物中含易挥发性物质时需特别小心;(3)通常热塑性物质为可燃性;(4)废弃物需先干燥后,才能与热塑物质混合。

### 2.4.2.4　聚合型固化法

聚合型固化法是将废弃物与固化剂(为有机单体物),在某些催化剂的催化作用下,搅拌混合使有机单体在聚合作用中,顺便将废弃物包结其间。当搅拌混合完成后,所形成的固化体,亦即聚合物犹如具有弹性的橡皮终产物。

目前常用于此法的固化剂有尿素甲醛聚酯和聚乙烯树脂等。

此方法的优点为:(1)不会增加固化后之废弃物体积;(2)只需极少剂量即可使混合物凝固,降低处理成本;(3)可应用于干污泥或湿污泥;(4)与其他固定技术比较,产物的密度较小。

此方法的缺点:(1)废弃物夹存于固化体中,仅形成松散的结构;(2)因大部分聚合触媒为强酸物,且金属成分易溶于强酸中,故极易随水渗出;(3)有些有机聚合物易被微生物分解,不利于最后掩埋处理。

### 2.4.3　新型 M1 污泥固化剂

以镁盐、氯酸盐、磷酸盐和二元醇等为主要原料进行复配,并加入促凝剂和防水剂,得到一种新型的镁系胶凝固化剂(M1 固化剂)。针对目前污水处理厂污泥的固化处理,与其他固化剂相比,该固化剂的优点如下:

(1)固化时间短,可以在短期(48 h)内使污泥凝固,达到填埋要求;

(2)添加量少,仅为污泥量的 5% ~8%,对污泥 pH 值改变较小,且可以有效抑制臭气的产生;

(3)一种绿色的污泥调理剂,不对污泥造成二次污染,并能改进污泥的性能,促进污泥的稳定化;

(4)固化过程工艺简化,易于生产和施工;

(5)固化处理的污泥经过在填埋场内 2~3 年的稳定期后,形成一种类土壤物质,可进行开采利用,实现污泥填埋场的可持续使用。

选用不同的固化剂进行不同添加比例的污泥固化对比实验,结果如图 2-8 所示。水泥固化剂的添加量在 20% 时的抗压强度达到了 58.17 MPa,但是固化后体积增加明显,增容比达 1.52;石灰固化的污泥强度较差,小于 20 kPa,并且在添加量较大时使污泥的 pH 值偏碱性,污泥的恶臭气味增加;M1 固化剂的固化效果较好,添加量为 5% 时的抗压强度就达到了52 MPa,并且增加污泥的填埋体积,对污泥 pH 值的影响也较小。

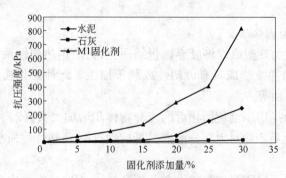

图 2-8　不同固化剂对化学污泥固化的固化效果

在污泥固化过程中,M1 固化剂与化学污泥中铝,钙,铁,镁等离子发生胶凝反应后形成晶体,晶体形态主要为针状和长柱状,并且彼此相互交叉联结成网状结构(见图 2-9),缩短了固化时间,对于含水率在80%以下的污泥,固化剂添加量为5%时,固化时间小于2天,可满足污泥填埋要求。当固化剂添加增至30%时,固化污泥甚至能达到免烧砖的抗压强度,不同固化剂添加量的固化强度见图2-10。

图2-9 污泥+M1固化剂的SEM图

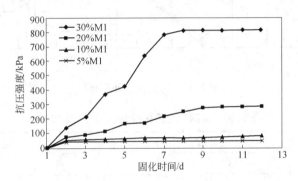

图2-10 污泥+M1固化剂的固化时间

对污泥浸出毒性的实验如表2-15所示,随着固化剂比例的增加,金属离子浸出浓度也会降低。使用M1固化剂固化处理后的污泥浸出毒性均低于GB 5085.3—1996《危险废物鉴别标准——浸出毒性鉴别》中要求的标准。

表2-15 固化污泥浸出液中重金属离子质量浓度     mg/L

| 化学污泥:固化剂(质量比) | Cu | Zn | Cd | Cr | Ni | Pb | Hg | Si |
|---|---|---|---|---|---|---|---|---|
| 95:5 | 0.58 | 4.81 | 0.007 | 0.12 | 0.102 | — | — | — |
| 90:10 | 0.65 | 4.41 | 0.006 | 0.11 | 0.093 | — | — | — |
| 80:20 | 0.02 | 1.89 | 0.002 | 0.05 | 0.040 | — | — | — |
| 70:30 | 0.02 | 1.73 | 0.002 | 0.05 | 0.036 | — | — | — |

M1固化剂与其他常规固化剂相比,在投加量、固化效果、资源化利用方面都具有明显优势。

## 2.4.4 污泥固化工艺流程

污泥固化工艺流程如图2-11所示。

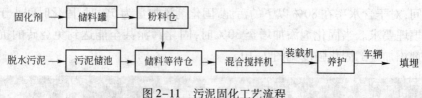

图 2-11　污泥固化工艺流程

污泥和固化剂分别用抓斗机或螺旋输送机送入混合搅拌机上部的储料等待仓中,最终进入搅拌机,经充分混合后,混合料利用装载机运输至养护区,经挖掘机摊铺后养护 48 h,以达到填埋要求,养护好的成品混合料用装载机装车,运往污泥填埋区填埋。

400t/d 污泥固化处理装置设计如图 2-12 所示。实际工程固化效果见表 2-16。

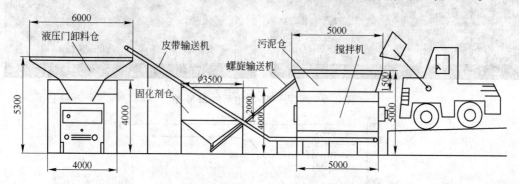

图 2-12　污泥固化处理装置

表 2-16　实际工程固化效果(养护时间 48 h)

| 固化剂投加量/% | 抗压强度/kPa | 含水率/% | 浸泡 1 天后含水率/% |
|---|---|---|---|
| 5 | 53.8 | 51.5 | 64.1 |
| 8 | 56.6 | 49.3 | 58.7 |
| 12 | 60.5 | 47.6 | 58.8 |

根据实际工程运行情况,污泥固化体完全可以达到可安全填埋标准。即使在雨天被雨水浸泡后,也能保持足够的机械强度,含水率上升也有限,有利于现场的露天作业。处理过程中未发现渗滤液,因此,不必设置专门的水处理设施,可减少工程投资和运行成本。

## 2.5　污泥与炉渣混合预处理技术

### 2.5.1　炉渣性质

炉渣主要包括熔渣、玻璃、陶瓷和砖头、石块等物质,还含有一定的塑料、金属物质和未完全燃烧的纸类、纤维、木头等有机物。炉渣的主要组成为:$SiO_2$,35.3% ~ 42.3%;CaO,19% ~27.2%;$Al_2O_3$,7.4% ~7.8%;$Fe_2O_3$,3.9% ~5.1%,还有少量的 $Na_2O$、$K_2O$、MgO、$TiO_2$ 等。炉渣颗粒大小为 0.074 ~5 mm,其中 71% 是沙子大小的颗粒(0.074 ~2 mm),27%是砾石大小的颗粒(大于 2 mm),2%是煤粉大小的颗粒(0.002 ~0.074 mm)。用扫描电镜(SEM)观察垃圾焚烧炉渣的形貌时,发现大部分炉渣颗粒是由完全中空的球体或者内部包有数量众多小球的子母球体所组成。在更大放大倍数下可以看到不规则多孔海绵状的颗

粒。炉渣的热灼减量分别是 15% 和 2.7%,表明炉渣中有机成分很低。由于炉渣的不规则
形状和粗糙表面,炉渣的安息角高达 46.5°。炉渣的物理化学性质、工程性质以及金属含量
分别见表 2-17 ~ 表 2-19。

**表 2-17 炉渣的物理化学性质**

| 特 性 | | 炉 渣 |
|---|---|---|
| 比重/g·cm⁻³ | | 2.67 |
| 密度/g·cm⁻³ | 松散堆置 | 1.17 |
| | 压实堆置 | 1.54 |
| 颗粒尺寸分布 | 有效尺寸/mm | 0.2 |
| | 均匀系数 | 3.88 |
| | 级配系数 | 1.68 |
| 热灼减量/% | | 2.7 |
| pH 值 | | 10.8 |

**表 2-18 炉渣的工程性质**

| 性 质 | | 炉 渣 |
|---|---|---|
| 密度/g·cm⁻³ | 最小值 | 1.17 |
| | 最大值 | 1.54 |
| 渗透率/m·s⁻¹ | 松散堆置 | $8.8 \times 10^{-4}$ |
| | 压实后 | $3.3 \times 10^{-5}$ |
| 堆放参数 | 安息角/(°) | 46.5 |
| | 视凝聚力/kPa | 0 |

**表 2-19 炉渣的金属含量**  mg/kg

| 元 素 | 炉渣 A | 炉渣 B |
|---|---|---|
| Fe | 42243 | 27429 |
| Al | 35282 | 36237 |
| Zn | 3250 | 2906 |
| Cu | 1350 | 739 |
| Ba | 1309 | 1238 |
| Pb | 568 | 1070 |
| Cr | 476 | 257 |
| As | 241 | 389 |
| Ni | 226 | 91 |
| Co | 69 | 27 |
| Cd | 4 | 17 |
| Hg | 1.58 | 1.30 |
| Be | 1.94 | 1.19 |

#### 2.5.2　污泥与炉渣混合预处理的优点

污泥与炉渣混合预处理有如下优点：

（1）可以解决炉渣的处置问题：生活垃圾焚烧炉渣的处理是一个重要的环境生态问题。在我国，炉渣属于一般废物，可直接填埋或作为建材利用。但是，由于焚烧的垃圾组成复杂，炉渣中可能含有多种重金属、无机盐类物质，如铅、锡、铬、锌、铜、汞、镍、硒、砷等，在炉渣利用过程中有害成分会浸出而污染环境。因为包括土壤酸性、酸雨、充满 $CO_2$ 的水等都会把不可溶的重金属氢氧化物转化成为易溶的碳酸盐，甚至是含水碳酸盐。炉渣的这些性质限制了其有效的资源化利用，将炉渣进行填埋处置可以解决其处置问题。

（2）污泥与炉渣混合后可以满足填埋机械作业的要求：由于炉渣主要含有中性成分（如硅酸盐和铝酸盐等，含量占 30% 以上），且物理化学和工程性质与轻质的天然骨料（石英砂和黏土等）相似，因而其工程性质较好。炉渣经压实后密度可增至 1600 kg/m³ 以上。合适的含水率（大约为 16%）并加以适当的压力，可使其渗透系数减小到 $10^{-6}$ cm/s，有的甚至小于 $10^{-8}$ cm/s。当污泥与炉渣混合后，会大大增加污泥的渗透系数、抗压强度和剪切强度，满足填埋机械作业的要求，解决污泥不能单独平面填埋的难题。

（3）混合填埋后有利于有毒物质的导排和气体的产生：炉渣的渗透性较大，与污泥混合后也大大增加了污泥的渗透性，有利于渗滤液的导排。而且炉渣与污泥混合后，pH 值会大大降低，有毒可溶性有机物、重金属等有毒物质会逐渐溶入到渗滤液中排出。随着填埋厌氧酸化过程的进行，污泥与炉渣混合物中溶出的有毒物质将逐渐增多，这对以后矿化污泥的资源化利用有着重要的意义。同时，混合填埋还有利于填埋气体的排放。

#### 2.5.3　污泥与炉渣混合预处理存在的问题

污泥与炉渣混合面临的较大难题是在温度高时（一般在 30℃ 以上）会产生刺眼刺鼻的恶臭气体，尤其在夏天高温时，白天工作区温度可达 40℃，污泥与炉渣混合散发的臭气已经远远超过了人们的耐受限度。根据六级臭气强度评价法，现场的臭气强度已经达到强烈恶臭的程度。

##### 2.5.3.1　臭气产生的原因

污泥与炉渣混合产生臭气的原因可归结为以下几个方面：（1）pH 值增加：炉渣 pH 值在 10 以上，而污泥的 pH 值在 7.5～8.0 之间，当两者混合后会使污泥本身的 pH 值升高。随着 pH 值升高，污泥中以 $NH_4^+$ 形式存在的铵盐会变成游离态的 $NH_3$。游离氨与离子铵的组成比主要取决于 pH 值，当 pH 值高时，游离氨的比例较高，反之，则离子铵的比例较高。（2）温度高：在污泥与炉渣混合作业时，夏天的温度最高可达 40℃，较高的温度也增加了氨气的挥发。（3）孔隙增大：污泥本身臭度较大，但是由于污泥渗透性小，污泥内部臭气较难在短时间内散发出来，因此臭气强度不会很大。当与炉渣混合时，本身混合的过程使污泥内部臭气在混合后快速散发，同时，混合物质的渗透性较原污泥大大增加，也有利于臭气物质的迁移扩散。（4）其他臭气物质散发：污泥与炉渣混合后也有利于胺类物质、挥发性有机物等恶臭物质的散发。

##### 2.5.3.2　改善臭气的方法

（1）掩蔽。通过施放有香气的物质来掩蔽臭气，这种有香气物质称为掩蔽剂。两种不同气味的气体相遇,有时互相叠加,有时互相抵消。对于特定场所,必须选用适当掩蔽剂,芳香化妆品多能起掩蔽作用。

(2)建设混合作业场房。污泥和炉渣混合过程应有专门设计的预处理场房,以保证整个污泥和炉渣混合过程在较为封闭的条件下进行,避免过程中臭气的扩散。在场房内设置通风装置,将产生的恶臭气体净化处理后排放。

### 2.5.4 污泥与炉渣混合填埋可行性分析

污泥与炉渣混合填埋能够满足填埋机械作业要求,而且对炉渣有了很好的处置,但能否解决较严重地臭气问题是该填埋预处理技术能否继续实施的关键。污泥与炉渣混合产生的臭气不仅严重地影响了操作工人的健康状况,而且对大气环境造成了严重的污染。在污泥与炉渣混合料运至填埋区填埋时,同样也会产生臭气污染大气环境。如果能够解决混合过程臭气的问题,而且在填埋区进行必要的日覆盖消除臭气,可以考虑将污泥与炉渣进行混合填埋。

## 2.6 添加其他改性剂的污泥预处理技术

除前述几种污泥预处理技术外,还可在污泥中加入泥土、粉煤灰、建筑垃圾等作为改性剂对污泥进行预处理。

### 2.6.1 改性剂基本性质

改性剂基本性质如表2-20所示。

表 2-20 改性剂的物理性质

| 性质指标 | 泥 土 | 粉 煤 灰 | 建筑垃圾 |
|---|---|---|---|
| 密度 $\rho/\text{g} \cdot \text{cm}^{-3}$ | 1.31 ~ 1.81 | 0.76 ~ 1.04 | 1.04 ~ 1.31 |
| 比重 $d_s/\text{g} \cdot \text{cm}^{-3}$ | 2.75 | 2.00 | 2.52 |
| 含水率 $w/\%$ | 15.85 | 25.03 | 21.19 |
| 挥发性物质 VM/% | 3.51 | 3.70 | 9.70 |
| 孔隙比 $e$ | 0.81 ~ 1.49 | 1.57 ~ 2.51 | 1.44 ~ 2.07 |
| 孔隙率 $n$ | 0.45 ~ 0.60 | 0.61 ~ 0.72 | 0.59 ~ 0.67 |
| 饱和度 $S_r$ | 0.35 ~ 0.64 | 0.27 ~ 0.43 | 0.33 ~ 0.47 |
| 渗透系数/cm $\cdot$ s$^{-1}$ | $2.63 \times 10^{-7}$ | $3.77 \times 10^{-4}$ | $1.45 \times 10^{-3}$ |

注:渗透系数为50 kPa下压缩稳定后测得。

### 2.6.2 对污泥抗压强度的改善

改性剂添加比例越大,污泥混合物的强度提高幅度越大。当添加比例大于0.7时,比较三种改性剂对污泥抗压强度的改善能力,粉煤灰最好,建筑垃圾次之,泥土较差。污泥混合物达到50 kPa的填埋抗压强度要求,粉煤灰、建筑垃圾和泥土所需混合比例分别为6:10,6:10和7:10。当添加比例大于0.5时,粉煤灰和建筑垃圾对污泥抗压强度的改善能力才能发挥出来,在低混合比时,三种改性剂的效果差别不大。改性剂对污泥强度的改善是有限度的,添加比例超过1后,对强度的提高幅度变小。添加比例的增大意味着使用更多的改性剂和占用更多的填埋库容,显然经济性不好,因此,改性剂的添加比例不应超过1。

三种改性剂的初始含水率相差不多,但粉煤灰能够明显地提高污泥的抗压强度,这是由粉煤灰的物理性质决定的。粉煤灰是在1500℃以上燃烧时形成的固态产物,煤中的碳和碳氢化合物受热生成大量气体,冲击其内部,使燃烧产生的硅酸盐与其他化合物一起呈现网状,在各粒子间形成相互联结的孔隙。另外,从炉膛出来的原灰表面有大量的 Si—O—Si 键,与水作用后,颗粒表面将出现大量的羟基,使其具有显著的亲水性。粉煤灰的上述性质使得水分渗透较快,提高了自身的饱和含水率。

### 2.6.3　对污泥抗剪强度的改善

三种改性剂在不同混合比例下与污泥混合形成的污泥混合物,分别在 30 kPa、50 kPa 和 100 kPa 预压力下预压稳定后,用淤泥十字板剪切仪测定试样的抗剪强度。30 kPa 下压缩稳定后的值可代表污泥填埋时压实不够密实的情况,50 kPa 下压缩稳定后的值可代表现场填埋时污泥混合物经过压实机械碾压压实后的强度值,100 kPa 压缩稳定后的值可代表填埋污泥埋深约 10 m 处的底层污泥混合物的强度值。在各预压力下,随着混合比例的增大,三种改性剂与污泥混合物的十字板抗剪强度(如表 2-21 所示)也在增大,其规律同抗压强度的改善规律一致。在 50 kPa 预压力下,污泥混合物的抗剪强度达到不小于 25 kPa 的要求,粉煤灰与污泥的最低混合比为 6:10,建筑垃圾的最低混合比为 7:10,泥土的最低为 9:10。

在 30 kPa 和 100 kPa 预压力下,污泥混合物十字板抗剪强度的规律与 50 kPa 预压力下的类似。在 30 kPa 预压力下,粉煤灰和建筑垃圾改性污泥在混合比为 1 时,十字板抗剪强度达到最大。在 100 kPa 预压力下,混合比超过 0.3 后,粉煤灰改性污泥的十字板抗剪强度明显高于其他三种改性污泥。预压力越高,粉煤灰改善强度的能力表现得越突出。这是因为在较高压力下,污泥混合物的孔隙被压缩得更小,更易于达到饱和状态,水分充满在混合物固体颗粒间的孔隙中,降低了固体颗粒间的内聚力,从而使强度降低。粉煤灰具有最大的孔隙比,储存水分的容量最大,最不容易达到饱和状态,较高压力下形成的混合物最密实,所以强度最大。在混合比为 1 时,粉煤灰改性污泥的抗剪强度达到最大。

表 2-21　不同固结压力下各混合比的污泥混合物的十字板抗剪强度　　　　　kPa

| 改性剂 | 预压力 | 混 合 比 | | | | | |
|---|---|---|---|---|---|---|---|
| | | 1:10 | 3:10 | 5:10 | 7:10 | 10:10 | 15:10 |
| 泥　土 | 30 | 8.56 | 8.81 | 10.25 | 15.69 | 30.94 | 52.70 |
| | 50 | 7.99 | 9.36 | 10.25 | 17.03 | 38.70 | 53.51 |
| | 100 | 9.739 | 9.09 | 13.37 | 33.98 | 48.25 | 56.72 |
| 粉煤灰 | 30 | 5.44 | 6.33 | 11.68 | 33.56 | 51.23 | 49.77 |
| | 50 | 5.97 | 6.59 | 14.89 | 38.37 | 52.84 | 52.70 |
| | 100 | 9.18 | 13.28 | 30.51 | 60.78 | 82.07 | 79.19 |
| 建筑垃圾 | 30 | 4.82 | 8.92 | 12.93 | 25.95 | 48.16 | 41.47 |
| | 50 | 4.82 | 9.10 | 13.02 | 26.40 | 52.62 | 61.54 |
| | 100 | 5.35 | 9.54 | 13.29 | 30.77 | 61.54 | 92.31 |

### 2.6.4 对污泥渗透性能的改善

不同改性剂和不同混合比例下的改性污泥在 50 kPa 和 100 kPa 两种压力下压缩稳定后的渗透系数如表 2-22 所示。预压力越大，污泥的压实程度越大，渗透系数越小。当改性剂加入的比例小于 0.5 时，各改性剂对污泥的渗透性能提高较为缓慢，混合比超过 0.5 ~ 0.7 时，各改性剂对污泥的渗透性能提高非常快，这个特点在粉煤灰和建筑垃圾作为改性剂的改性污泥中表现尤其突出。但混合比超过 1 后，改性剂对污泥渗透性能的提高又变缓。可见，混合比为 0.5 ~ 1 是改性污泥渗透性能对于混合比比较敏感的范围。各种改性污泥的渗透系数，当混合比为 7:10 时，都能增大到 $10^{-6}$ cm/s 数量级，当混合比为 9:10 时，可达到 $10^{-5}$ cm/s 数量级，即污泥改性后渗透性能提高 2 ~ 3 个数量级（几十到几百倍）。粉土、黄土和粉砂的渗透系数即在 $10^{-6}$ cm/s 数量级范围内，此时改性污泥即使经水泡过，只要在一定压力下，水就会很快渗出，不会影响填埋操作。

表 2-22　改性污泥在不同预压力和混合比下的渗透系数　　　　cm/s

| 所加的改性剂 | 预压力 /kPa | 混合比 | | | | | |
|---|---|---|---|---|---|---|---|
| | | 0:10 | 1:10 | 3:10 | 5:10 | 7:10 | 10:10 |
| 泥土 | 50 | $1.21 \times 10^{-7}$ | $6.61 \times 10^{-8}$ | $1.10 \times 10^{-7}$ | $1.38 \times 10^{-7}$ | $2.54 \times 10^{-6}$ | $2.89 \times 10^{-6}$ |
| | 100 | $1.18 \times 10^{-8}$ | $4.57 \times 10^{-8}$ | $7.08 \times 10^{-8}$ | $8.91 \times 10^{-8}$ | $1.98 \times 10^{-7}$ | $8.72 \times 10^{-7}$ |
| 粉煤灰 | 50 | $1.21 \times 10^{-7}$ | $1.36 \times 10^{-8}$ | $3.24 \times 10^{-8}$ | $2.15 \times 10^{-7}$ | $1.74 \times 10^{-5}$ | $1.63 \times 10^{-3}$ |
| | 100 | $1.18 \times 10^{-8}$ | $1.14 \times 10^{-8}$ | $2.24 \times 10^{-8}$ | $1.17 \times 10^{-7}$ | $1.00 \times 10^{-6}$ | $1.10 \times 10^{-3}$ |
| 建筑垃圾 | 50 | $1.21 \times 10^{-7}$ | $3.56 \times 10^{-8}$ | $5.22 \times 10^{-8}$ | $6.29 \times 10^{-8}$ | $8.58 \times 10^{-8}$ | $1.52 \times 10^{-4}$ |
| | 100 | $1.18 \times 10^{-8}$ | $3.70 \times 10^{-9}$ | $1.54 \times 10^{-8}$ | $1.64 \times 10^{-8}$ | $2.74 \times 10^{-8}$ | $4.01 \times 10^{-5}$ |

### 2.6.5 对污泥臭度的改善

纯污泥是一种黑色黏稠状的固体，具有强烈的恶臭，气味令人作呕。将改性剂与污泥按照一定比例混合制成改性污泥样品，采用六级臭气强度法测定。

掺入少量改性剂后，改性剂基本被污泥包裹，颜色依然很黑，臭味依然明显。随着添加量的增加，混合后改性污泥的颜色逐渐变浅，黏度逐渐降低，臭味逐渐变小。三种改性剂对污泥黏度、臭味的改善作用大小不同，其中粉煤灰效果最好，这与粉煤灰本身的疏松多孔、吸附作用强的质地有关；泥土和建筑垃圾的孔隙较小，微生物含量少，所以除臭效果差一些，但建筑垃圾因含有部分木屑，具有一定的吸附臭气的能力，因此其除臭效果稍好于泥土。混合比为 3:10 时，粉煤灰对混合后污泥的黏度和臭味的改善作用好些，臭味减弱；建筑垃圾和泥土的除臭效果要差一些。混合比为 5:10 时，混合物手捏仍成团，粉煤灰改性污泥的臭味已减弱到可以接受的程度。建筑垃圾和泥土的改性污泥臭味仍明显。混合比为 7:10 时，混合物的颜色中已经显示出改性剂的颜色，如粉煤灰的浅灰色。粉煤灰的除臭效果显著，臭味不明显，污泥的黏度进一步降低，手捏不易成团；建筑垃圾和泥土的效果要差些，与污泥混合后黏度还比较大，臭味减弱但仍明显。混合比为 10:10 时，混合物比较松散，臭味微弱或不明显。混合比为 15:10 时，混合物外观和改性剂的颜色差不多，松散，基本无臭味。用六级臭气强度法评定各混合比例下改性污泥的臭度如表 2-23 所示。

要达到改性后污泥的臭度降低到 3 级及以下,所需添加的粉煤灰、建筑垃圾和泥土的最低比例分别为 3:10、7:10 和 8:10。在满足填埋强度的比例下,三种改性污泥的臭度都符合填埋场恶臭污染物排放标准。

表 2-23　改性污泥的臭度和混合比例之间的关系

| 所加改性剂 | 混　合　比 | | | | | | |
|---|---|---|---|---|---|---|---|
| | 0:10 | 1:10 | 3:10 | 5:10 | 7:10 | 10:10 | 15:10 |
| 粉煤灰 | 5.0 | 4.0 | 3.0 | 2.0 | 1.0 | 1.0 | 1.0 |
| 建筑垃圾 | 5.0 | 5.0 | 4.0 | 4.0 | 3.0 | 2.5 | 2.0 |
| 泥　土 | 5.0 | 5.0 | 4.0 | 4.0 | 3.5 | 3.0 | 2.5 |

综合比较三种改性剂对污泥的抗压和抗剪强度、渗透性能和臭度等工程性质的改善情况,以粉煤灰的效果最好,使用的最低比例最小,建筑垃圾次之,泥土最差。

# 3 污泥循环卫生填埋工艺

## 3.1 污泥卫生填埋场选址

### 3.1.1 目的与范围

污泥卫生填埋技术的第一步工作就是场址选择。本节主要介绍填埋场选址在法律法规、技术和经济等方面的考虑,选址的程序,以及提供如何应用选址程序进行填埋场选址。除了考虑法律法规、技术与经济等方面的影响以外,选址工作也受到公众参与和接受程度的影响。公众参与应该贯穿整个选址过程。

（1）选址工作是一个反复的过程,一般需较长的时间。选址期间,要对多个备选场址进行反复的对比论证、评价和筛选,最终选出最优场址。图3-1所示为场址的筛选流程。在

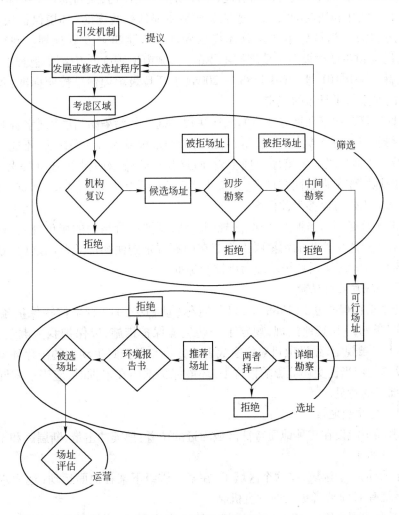

图 3-1　场址的筛选流程

选址前,应清楚地认识到选址期的影响,一个填埋场址从许可、评估、公众复审到购买和开发通常要花 3～5 年或者更多时间。对选址期估计不足可能导致昂贵的储存费用或污泥运输费用。

(2) 选址工作主要遵循两大原则:一是从防止污染扩散角度考虑的安全原则;二是从尽量减少填埋场工程造价和运行费用角度考虑的经济原则。安全原则是填埋场选址的基本原则,是指填埋场在建设和使用过程中对整个外部环境的不良影响最小,尽量减少或者不使场址周围的水、大气、土壤等生态环境发生恶化。经济原则是指填埋场从建设到使用过程中,单位污泥的处理费用最低,填埋场使用后资源化价值最高。所以选址工作总的技术原则是,以合理的技术经济方案,尽量少的投资达到最理想的经济效果,实现环保目的。

### 3.1.2　法规要求

#### 3.1.2.1　相关法案

我国目前还没有关于污泥填埋方面的具体法律法规。因而所选的填埋场对周围环境的影响必须符合环境保护的有关法律和法规,填埋场正式使用后,对周围环境可能产生的影响也必须符合有关法律和法规的要求。选址及征地主要依据我国的《环境保护法》、《固体废物污染环境防护法》、当地城市建设总体规划和环境卫生事业发展规划。现行国家标准 CJJ 17—2001《城市生活垃圾卫生填埋技术规范》、《城市生活垃圾卫生填埋处理工程项目建设标准》(建标[2001]101 号)、GB 16889—2008《生活垃圾填埋污染控制标准》均对填埋场选址应满足的要求作了具体的规定。

所选场址应符合国家和地方政府的法律法规,如《大气污染防治法》、《水资源保护法》、《自然资源保护法》、《水污染控制法》等,特别要参照水源或水域的保护法,不能与法律发生抵触。在《城市生活垃圾卫生填埋处理工程项目建设标准》(建标[2001]101 号)中对填埋场不应设在的地区作了强制性的规定(条文 4.0.2),必须严格执行,否则,所选的场地作废。污泥填埋场选址工作可以参考此标准。

填埋场的选择必须与当地的法律、法规相一致,还要符合当地的城市规划布置,在填埋场的建设与施工过程中产生的污染噪声都应在国家规定的法律法规范围之内,具体要求可参见 GB 16889—2008《生活垃圾填埋污染控制标准》。

#### 3.1.2.2　濒危物种保护

我国《野生动物保护法》(1988 年,以下简称《动物法》)、《野生植物保护条例》(1996 年,以下简称《条例》)和其他法规,规定了一些生境保护措施,以保护我国濒危物种资源。《动物法》第十二条规定,建设项目对国家或者地方重点保护野生动物的生存环境产生不利影响的,建设单位应当提交环境影响报告书;环境保护部门在审批时,应当征求同级野生动物行政主管部门的意见。

#### 3.1.2.3　地质稳定性

污泥填埋场不能设在三种地质特征区域附近的位置:地震冲击带、断层区和不稳定区。

A　地震冲击带

地震冲击带是一个区域,在这个区域里,在某一震级下某种地面运动(地面水平加速运动)每 250 年就有 10% 或者更大的发生机会。

当地震烈度达到 6 级时,疏松的土质就可能出现小裂缝,当地震烈度达到 7 级时,就可能出现地裂缝。所以当地震烈度接近 6 级时,就要对场地的抗震性做出评价。原则上场址不能选在历史上最大地震烈度超过 6 级的地点。

对于设在地震冲击区的污泥填埋场,要求所设计的活性污泥单元能经得起有记录以来的最大水平加速度。这项管理确保了填埋单元的结构,如衬垫层和渗滤液收集系统,不因地面运动而裂缝或崩溃。确保渗滤液不因地震活动而释放。

我国地震主要分布在以下区域:西南地区、西北地区、华北地区、东南沿海及台湾地区和23 条地震带上,建在地震冲击带的污泥填埋单元可充分利用各种地震设计方法。设计修正包括浅单元斜坡、更保守的堤防和径流控制设计。此外,需考虑渗滤液收集系统的意外事故,以防基本系统失效。

B 断层区

地壳岩层因受力达到一定强度而发生破裂,并沿破裂面有明显相对移动的构造称断层。污泥填埋单元应设在全新世(地质时代的最新阶段,第四纪二分的第二个世,开始于12000～10000 年前持续至今,这一时期形成的地层称为全新世)断层的 60 m 以外。此距离可确保断层区域发生地面运动时单元结构不受损害以及渗滤液不会通过断层泄漏到环境中。除非颁发许可证部门有其他说明,否则必须遵循这一管理实践。

断层性质决定着污泥填埋单元是否可设在全新世断层 60 m 内。这项调查包括现有地图、日志报告、科学著作以及保险权利授权书等的复审;单元半径 8 km 范围内的空中侦察。识别断层区有两个有用的工具:(1)全新世断层位置的地图;(2)高海拔、高分辨率的区域立体照片。

C 不稳定区

污泥填埋单元不得设在不稳定区。不稳定区是指自然或人类活动能破坏单元结构的区域。不稳定区包括许多土壤移动的土层,如滑坡、地下的石灰岩或其他物质溶解导致地面沉降或塌陷。这项要求保护了污泥填埋单元的结构免受自然或人力的破坏。但要确定不稳定条件不发生在候选单元,当地的地质研究是必不可少的。

如果能跟上这些管理要求,污泥中的污染物质很少会由于不稳定的地质条件而释放到环境中。污泥填埋单元是否处于地质不稳定区,可使用相关部门提供的地图确认,国家也有描绘地质不稳定区位置的地质勘察。

3.1.2.4 湿地保护

湿地是指表面常年或经常覆盖着水或充满了水,介于陆地与水体之间的过渡带,在土壤浸泡于水中的特定环境下,生长着很多的特征植物,湿地包括沼泽地、湿原、泥炭地或水域地带。湿地具有多种独特的生态功能,它不仅为人类提供大量食物、原料和水资源,而且在维持生态平衡、保持生物多样性和珍稀物种资源以及涵养水源、蓄洪防旱、降解污染调节气候、补充地下水、控制土壤侵蚀等方面均起到重要作用。

3.1.2.5 地表水保护－地表径流和渗滤液的收集

流域地表面的降水,如雨、雪等,沿流域的不同路径向河流、湖泊和海洋汇集的水流叫径流。

污泥在污泥填埋单元堆放和填埋过程中由于压实、发酵等生物化学降解作用,同时在降水和地下水的渗流作用下产生了一种高浓度的有机或无机成分的液体,称为污泥渗滤液。如果污泥填埋单元有衬垫与渗滤液收集系统,应按照要求收集和处理渗滤液,这包括国家污染物质排放系统许可的渗滤液作为地表水点面污染排放的要求。

在我国垃圾填埋场 GB 16889—2008《生活垃圾填埋场污染控制标准》中,对填埋场渗滤液排放标准作了具体的规定,污泥填埋可以参考。

纵观这些要求,在地表水上或附近选址,增加了设计和运行上的困难,增加了获得执照的难度,这在选址过程中应该予以考虑。作为选址程序的一部分,应该绘制现有地表水体和备选场址上或附近的排水地图,考虑它们目前和将来的使用。

### 3.1.2.6　地下水保护

堆放在污泥填埋单元的污泥不得污染含水层。含水层常指土壤通气层以下的饱和层,其介质孔隙完全充满水分,可补充井水和泉水。污染含水层的意思是引入了某种物质使地下水硝酸盐水平超过某一定值。在这个管理实践下,地下水硝酸盐氮水平不得超过最大或容许污染标准 10 mg/L,如果地下水硝酸盐氮浓度已经超过了最大或容许污染标准,则不得增加地下水的现有浓度。

当地含水层的评估是一个必要的步骤,它可以确保污泥填埋单元不污染含水层。所要收集的资料包括:

(1) 地下水深度(包括历史高点与历史低点);

(2) 水力坡度(梯度);

(3) 目前地下水水质;

(4) 当前的和计划的地下水使用;

(5) 主要补给区位置。

污泥不得堆放在可能直接与地下水接触的地方,并且应该消除主要补给区污染,尤其是唯一源含水层。填埋场底部与已知的最高地下水位应保持尽可能远的距离。为了准确评估潜在的污染,应该描绘靠近含水层的结构特性与矿物特性(针对硝酸盐氮)。应该识别活性污泥单元临近范围的断层、大断裂。应避免喀斯特地形和其他溶蚀构造。通常,石灰石、白云石、裂隙性结晶岩远不及沉积岩和松散的冲积层。

地下水水质和迁移资料的来源包括国家地质调查局、国家卫生部门、以及其他国家环境和管理机构。

如果必要的话,可以进一步的通过现场钻探来收集关于地下水位高程、波动以及水质和水力梯度的背景信息。

水力梯度是在含水层中沿水流方向每单位距离的水头下降值,相当于地下水面的斜率(对于自流含水层而言,是水压面的斜率)。水力梯度资料可以帮助弄清地下水运动的速率和总量以及周围含水层是否存在水力联系。

通过记录井或钻孔附近的地下水深度,计算地下水标高以及绘制连接有相等地下水高程的井的等高线可以确定地下水流向。要确定地下水流向至少需要三个井(通常更多)。通常大的污泥填埋单元、有复杂水文地质条件的单元和相对平坦的活性污泥单元比小的活性污泥单元要求更多的钻孔。有经验的水文地质工作者应该参与调查研究和勘探钻探,解释现场数据。水文地质工作者要能推荐勘探井需要的数量、位置和类型。

## 3.1.3　污泥填埋场选址标准

除了上述的法规要求,许多其他的考虑因素影响着污泥填埋场场址的适用性,包括:场址使用年限与大小、地形学、土壤、植被、场址使用权、土地利用、场址的考古和历史价值、费用等。表3-1总结了污泥填埋场选址标准。

**表3-1 污泥填埋场选址标准**

| | |
|---|---|
| 自然场地 | 场址应足够大,以充分容纳废物 |
| 就近原则 | 场址尽可能靠近生产设施,以减少处理和运输成本。场址应尽可能远离水源(建议最小1000 m)和地界线(建议最小250 m) |
| 场址入口 | 全天候具有最小的交通拥挤,足够的宽度和承载能力 |
| 地 形 | 场址应利用自然条件将铲土运输减少到最小。除非能保证良好的地表水控制(建议场址坡度小于5%),场址应避免建在自然洼地和山谷中,因为这些地方可能出现水污染 |
| 地 质 | 场址应避免设在地震、滑坡、山崩、雪崩、断层、地下矿藏、阴沟口、污水坑和溶洞等处 |
| 水 文 | 场址应设在降雨稀少和蒸发量大的地区,以及不受潮汐和季节性高水位的影响 |
| 土 壤 | 场址应有天然的黏土基础,或用作垫层的黏土,以及可利用的终场覆盖材料;应该有稳固的土壤/岩石结构。场址应避免设在如下场地上,地下水上面土壤很薄,浅层地下水上的土壤渗透性强,有非常大的侵蚀潜力的土壤 |
| 排水系统 | 场址应设在地面排水系统完备和径流易于控制的区域 |
| 地表水 | 抗洪场址的保护。场址应避免设在湿地或其他地下水位高的区域 |
| 地下水 | 场址不得接触地下水。填埋场基底必须在地下水位高点以上。场址应避免设在唯一源含水层上和地下水补给区 |
| 温 度 | 场址不得设在经常发生逆温现象的区域 |

### 3.1.3.1 场址使用年限与大小

场址使用年限与大小直接相关,场址越大,使用年限越长。场址使用年限与大小这两者是污泥数量和特性(固体物质量分数)的函数,也是被选活性污泥单元表面积要求的函数。为了计算方便,表面积要求可分为三类(见图3-2):

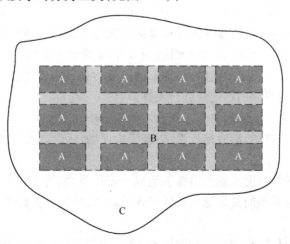

图3-2 污泥处置场不同类型的表面积要求

A 堆放污泥的污泥填埋单元; B 污泥填埋单元间必需的间距;

C 必需的缓冲区、入口道路、土壤库存区; —— 污泥填埋单元边界线;

——污泥处置场的边界线

（1）A 区:污泥堆放的表面面积(例如,所有活性污泥单元的面积)。

（2）B 区:活性污泥单元间必需的空隙。

（3）C 区:必需的缓冲区、入口道路、土壤库存区。

前两者总的来说是可用的填充区。它们占整个填埋场的 50% ~ 70%(例如总的场址面积在填埋场地界线内)。

如果总的污泥容积、活性污泥单元规模、单元间距,以及缓冲区等其他面积已知,按照下面的步骤可以计算期定使用年限场址的大小。

第一步:通过计算填埋场期定寿命内必需处理的污泥总体积计算期定寿命填埋场总的填充容积($F$);

第二步:$F$ 除以期定单个活性污泥单元的容积,计算所需填埋场的数量($N$);

第三步:单个活性污泥单元面积乘以活性污泥单元个数 $N$,再加上单元间必需的间隔空隙,计算可用填充面积($U$);

第四步:可用填充面积加上缓冲面积、入口道路面积等等,计算所需最小总面积。

### 3.1.3.2　地形学

不同类型的污泥填埋单元有不同的地形要求,这些要求限制着场址的选择。例如,单独填埋要求场址坡度大于 1%,小于 20%。因为一方面,相对平坦的场址能储水成池,坡度过大的场址会造成操作困难;另一方面,专用场址要求相对平坦的地形,坡度大于 0.5% 的场址必须修改以防止冲蚀。分级场址或梯状场址可用作专用场址,但这增加了运土成本。

填埋场址如有较大坡度会使场地地质条件恶化,是诱导滑坡、土爬、坍塌、泥石流等不良地质现象发生的条件之一,较大的地形坡度,还会造成水土流失,对填埋场造成不良影响。

地形的坡度越大,地下潜水的水力梯度就越大,地下水的流速也会增大,从而使有害物质在水中的迁移速度和距离增大,所以,填埋场必须具有很强的泄水能力,否则地表径流和潜水径流就容易对环境造成污染。

地形是地下水系统补给区、排泄区和径流区的决定性因素。地形较高的地段一般是地下水的补给区,同时也是分水岭。把场址选在补给区或是分水岭地段是很不利的,会污染下游地区的地下水。在某一特定的地段,当地形的坡度达到一定值时就会产生破坏,所以,在选择斜坡地形时必须对斜坡的稳定性进行测算。

地形是造成地表汇水的原因之一。在选址的过程中,严禁把填埋场选在四面高中间洼的地带,因为这样的地带可能形成地表汇水,淹没填埋场,从而造成有害污染物的外溢,严重影响附近地区的环境。

此外,如果填埋场的坡度大就会给施工造成一定困难,使土方的开挖量增大。同时,也给运输带来不便,影响其他配套设施的设计与施工,大大增加了建筑成本。

### 3.1.3.3　土壤

土壤可作为覆盖材料,控制径流和渗滤液,以及用作填充剂(如果所选污泥填埋单元允许)。土壤的化学、物理/水力性质决定着土壤所起作用的效果。

A　物理/水力学性质

a　土的颗粒组成和级配

土的颗粒组成按其粒径由小到大可分为黏粒、粉粒、砂粒、圆粒、卵石、漂石等。通常粗粒土压缩性小、强度高、渗透性大。这种土从工程地质考虑是可取的,但其水文地质条件不适合选为场址。从土的渗透性和土的工程地质考虑,含细粒较多、级配良好的土对填埋场的适宜性较强。

b 土的压实密度

对于同一土样,其压实状态越好,土的孔隙度就越小,渗透性就越弱,承载力就越高,对场地的适宜性越强。土的压密状态用 OCR 来表示,其中超压密 OCR > 1;正常压密 OCR = 1;欠压密 OCR < 1。

c 黏性土的性质

黏性土的含水量是决定其工程性质至关重要的影响因素。随着含水量的增加,黏性土的承载力逐渐降低,直至成流塑状态,给工程地质造成不良的影响。

黏性土中有机物的存在对于土的工程地质是不利的,有机物的含量增加,使土的承载力降低。但有机物的存在也并非都是不利因素,如有机胶体的存在可以增强土的吸附能力,使土对污染地下水的净化能力增强,这一点是对填埋场有利的。

碳酸盐易溶于水,尤其在 pH 值低的地下水中,碳酸盐的抗蚀能力很弱,所以土中碳酸盐的存在使地下水的化学稳定性减弱,对于场地不利。

d 非黏性土的性质

非黏性土,其密实度越大,土的承载力就越大,渗透性越差,对填埋场的适宜性就越强。当砂土中有水大量存在时,由于土的浮力作用使砂粒间彼此接触的力减小,同时水也使砂土的内摩擦角减小,使砂土的强度降低。当砂土中的水达到饱和时,砂土呈流态而严重影响其强度,所以砂土中水的饱和度也非常重要。

对污泥填埋单元而言,理想的土壤是该土壤具有足够的抗渗性,以阻止污泥中的污染物质运动迁移到地下水;有适当的化学性质以削减重金属。所需土壤的实际数量和类型取决于污泥填埋单元的类型和污泥的性质。然而通常理想的地质既要有一定的深度(例如,9 m 或更深),又要有细颗粒的土壤。表 3-2 给出了美国农业部土壤保护部门在土壤描述中土壤的构造类型和一般专业术语。

表 3-2 土壤的构造类型和一般专业术语(美国农业部土壤保护部门)　　　　mm

| 砂 | | | | | 粉 土 | 黏 土 |
|---|---|---|---|---|---|---|
| 很粗 | 粗 | 中等 | 细 | 很细 | | |
| 1 ~ 2 | 0.5 ~ 1 | 0.25 ~ 0.5 | 0.1 ~ 0.25 | 0.05 ~ 0.1 | 0.002 ~ 0.05 | < 0.002 |

渗透性取决于土壤的结构与构造。细粒度的、不良构造的土壤渗透率最差。表 3-3 和图 3-3 给出了定性的土壤渗透性分级,它取决于土壤的特性,污泥填埋单元希望有较低的渗透率。

表 3-3 土壤饱和导水率和渗透率分级(U.S. EPA, 1991)

| 项 目 | 级 别 | 值 | | 项 目 | 级 别 | 值 | |
|---|---|---|---|---|---|---|---|
| | | μm/s | in/h | | | in/h | cm/h |
| 土壤饱和导水率 | 非常低(VL) | < 0.01 | < 0.001 | 渗透率 | 很慢 | < 0.06 | < 0.15 |
| | 低(L) | 0.001 ~ 0.1 | 0.001 ~ 0.01 | | 极端慢 | < 0.01 | |
| | 中等低(ML) | 0.1 ~ 1 | 0.01 ~ 0.14 | | 极慢 | 0.01 ~ 0.06 | |
| | 中等高(MH) | 1 ~ 10 | 0.14 ~ 1.4 | | 慢 | 0.06 ~ 0.2 | 0.15 ~ 0.5 |

| 项　目 | 级　别 | 值 | | 项　目 | 级　别 | 值 | |
|---|---|---|---|---|---|---|---|
| | | μm/s | in/h | | | in/h | cm/h |
| 土壤饱和导水率 | 高（H） | 10~100 | 1.4~14.2 | 渗透率 | 中度慢 | 0.2~0.6 | 0.5~1.5 |
| | | | | | 中度 | 0.6~2.0 | 1.5~5.0 |
| | | | | | 中度快 | 2.0~6.0 | 5.0~15.2 |
| | 非常高（VH） | >100 | >14.2 | | 快 | 6.0~20 | 15.2~50.8 |
| | | | | | 很快 | >20 | >50.8 |

注：美国环保局.1991. 污染土壤的描述与取样：现场指导袖珍本，美国环保局/625/2-91/002。

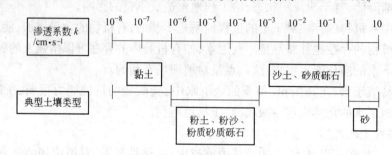

图3-3　土壤渗透性分级

气候对具体场址的土壤要求也有影响。在降雨量大的地区，例如，土壤渗透率比污泥的更低，会导致所谓的"浴缸"效应，在这种情况下，水积聚在填充区排不出去。因而，渗滤液收集系统应该设计能够处理过量的水。

B　化学性质

土壤 pH 值影响着土壤保持或传递污染物质的能力。碱性土壤经常持有重金属。污泥的利用和处置风险评估使用了不同 pH 值的污泥施用到土地上的现场研究结果。其他关于土壤的重要考虑是压实特性、排水能力和边坡稳定性。粗粒土壤更适合用作结构材料，例如，路基材料、地基、填充土，以及日覆盖材料。细粒土壤更适合环境应用，例如，底衬、最终覆盖材料和封场材料。表3-4所示为与污泥填埋场相关的统一土壤分类系统特征。

3.1.3.4　植被

在选址过程中，表面处置场的植被和类型应予以考虑。植被能起到自然缓冲区的作用，减少灰尘、噪声、臭味，提高能见度，减少水土流失。然而，有植被的场址可能要求砍伐和清理植被，这样会增加项目成本。场区内的植被物种最好不是农作物或经济作物，因为这样会增大场地的征地费用。

场区内的植被发育状况也影响到区域的蒸发量和动物的生栖状况，场区内不能有珍贵的受国家保护的植物。

3.1.3.5　气象学

应该评估盛行风的方向、速度、温度和大气稳定度，以确定臭味和灰尘对场址下风向的影响。场址还应避开高寒区，其蒸发量大于降水量；不应位于龙卷风和台风经过的地区，宜设在暴风雨发生率较低的地区。场址宜位于具有较好的大气混合扩散作用的下风向，白天人口不密集地区。寒冷、潮湿、冰冻等气候条件将影响填埋场的作业，要根据具体情况采取相应的措施。

3.1.3.6　场址入口

选定场址的运输路线应尽可能利用主要公路或大动脉。为了确定货运交通路面是否适

表3-4 与污泥填埋场相关的统一土壤分类系统特征

| 主要分类 | 字母 | 阴影 | 颜色 | 名称 | 潜在水楔作用 | 水系特征① | 堤防评估 | 渗透系数 $k$/cm·s⁻¹ | 压实特性② | 标准最大干容重③/kg·m⁻³ | 防渗要求 |
|---|---|---|---|---|---|---|---|---|---|---|---|
| 粗粒土壤（沙砾和砾质土） | GW | | 红 | 级配良好的砾石或砂砾混合物，很少或没有细粒土 | 从无到很轻 | 优 | 非常稳固，前期的堤坝外壳 | $>10^{-2}$ | 良，拖拉机；橡胶轮胎，钢轮压路机 | 2000~2160 | 绝对剪切 |
| | GP | | 红 | 级配不良的砾石或砂砾混合物，很少或没有细粒土 | 从无到很轻 | 优 | 相当稳固，前期的堤坝外壳 | $>10^{-2}$ | 良，拖拉机；橡胶轮胎，钢轮压路机 | 1840~2000 | 绝对剪切 |
| | GM | | 黄 | 粉质土砾，砾砂粉土混合物 | 从轻到中度 | 一般到差，不透水 | 相当稳固，但是可用作外壳和防渗垫 | $10^{-6}\sim10^{-3}$ | 良，紧密控制；橡胶轮胎，羊脚碾 | 1920~2160 | 从堤基到防渗无 |
| | GC | | 黄 | 黏质砾石，沙砾黏土混合物 | 从轻到中度 | 差到几乎不透水 | 一般稳定，可用作隔水核心 | $10^{-8}\sim10^{-6}$ | 一般，橡胶轮胎，羊脚碾 | 1840~2080 | 无 |
| 粗粒土壤（沙子和砂质土） | SW | | 红 | 级配良好的砂土，砾少，很少或没有细粒 | 从无到很轻 | 优 | 非常稳定，早先区段斜坡保护 | $>10^{-3}$ | 良，拖拉机 | 1760~2080 | 上游铺盖，坡脚排水和井 |
| | SP | | 红 | 级配不良的砂土，砾少，很少或没有细粒 | 从无到很轻 | 优 | 相当稳定，可用在平坡外壳的堤防部分 | $>10^{-3}$ | 良，拖拉机 | 1600~1920 | 上游铺盖，坡脚排水和井 |
| | SM | | 黄 | 粉砂，沙子粉土混合物 | 从轻到高 | 一般到差，几乎不透水 | 一般稳定，不适合用在外壳，可用作防渗堤内层 | $10^{-6}\sim10^{-3}$ | 良，紧密控制；橡胶轮胎，羊脚碾 | 1760~2000 | 上游铺盖，坡脚排水和井 |
| | SC | | 黄 | 黏质砂，砂和黏土混合物 | 从轻到高 | 差到几乎不透水 | 一般稳定，可用作结构物的防渗内层 | $10^{-8}\sim10^{-6}$ | 一般，橡胶轮胎，羊脚碾 | 1680~2000 | 无 |

续表 3-4

| 主要分类 | 符号 字母 | 符号 阴影 | 符号 颜色 | 名　称 | 潜在冰冻作用 | 水系特征① | 堤防评估 | 渗透系数 k/cm·s⁻¹ | 压实特性② | 标准最大干容重③/kg·m⁻³ | 防渗要求 |
|---|---|---|---|---|---|---|---|---|---|---|---|
| 细粒土壤 — 粉土和黏土 LL④小于50 | ML | | 绿 | 无机粉土，非常细粒的砂或岩粉末 | 从中度到高 非常高 | 一般到差 | 稳定性差，可用于一般堤防 | $10^{-6} \sim 10^{-3}$ | 良到差，必要的紧密碾压整制，胶轮碾压机，羊脚碾碾压 | 1520~1920 | 堤基防渗槽到无 |
| | CL | | | 粉质或黏质细砂，可塑性小的黏质粉砂 | | 几乎不透水 | 稳定，隔水核心，防渗垫 | $10^{-8} \sim 10^{-6}$ | 一般到良，羊脚碾，胶轮碾压机 | 1520~1920 | 无 |
| | OL | | | 低到中度可塑性无机黏土，砂质黏土，粉质黏土，低可塑性黏土 | 从中度到高 | 差 | 不适合防渗 | $10^{-6} \sim 10^{-4}$ | 从一般到差，羊脚碾 | 1280~1600 | 无 |
| 细粒土壤 — 粉土和黏土 LL④大于50 | MH | | 蓝 | 低可塑性的有机粉土和有机质黏土 | 从中度到高 非常高 | 一般到差 | 稳定性一般，水力冲积堤内层，不适合碾压填土工程 | $10^{-6} \sim 10^{-4}$ | 从差到很差，羊脚碾 | 1120~1520 | 无 |
| | CH | | | 无机粉砂，含云母或硅藻土的细砂质或粉质土壤，弹性粉砂 | 中度 | 几乎不透水 | 稳定性一般，平坡，薄的内层，堤防垫层，堤防部分 | $10^{-8} \sim 10^{-6}$ | 从一般到差 | 1200~1680 | 无 |
| | OH | | | 高可塑性无机黏土，可塑性黏土 | 中度 | 几乎不透水 | 不适合堤防 | $10^{-8} \sim 10^{-6}$ | 从差到很差，羊脚碾 | 1040~1600 | 无 |
| 高有机质土 | PT | | 橙 | 泥炭和其他高有机质土 | 不推荐用于卫生填埋建设 | | | | | | |

① 所给评价仅起指导作用，设计时应以实验结果为依据；

② 控制合适的含水率，经过所列设备一定次数的压实，污泥通常可以达到所需的密度；

③ 经标准拖拉机压实，含有最优含水率的压实土壤，同一种土壤，采用同一种方法压实密实时，所能达到的最大干容重其含水量与含水量有关，达到最大干容重时所对应的含水量称为最优含水量，显然干容重最大时，填土的密实度最高；

④ 液性限度。

当,公路旁边住宅、公园、学校大概的数量,对交通拥堵可能的影响和可能的意外事故,应该试驾和研究可能的路线。通过非居住区运输比通过居住区、高密度城市区以及交通拥挤区更好。场址入口道路必须满足预期的交通荷载。公众的关注主要是运输沿线噪声、灰尘和臭味等增加的可能性。

### 3.1.3.7 土地利用

应该考虑填埋场当前和未来可能的分区。应该联系合适的县、市分区主管机关,以确定各潜在填埋场分区地位或限制。在选址过程中,应该考虑和评估场址(一旦填埋场封场)的最终利用。在选址过程中,也应该考虑区域发展,而且应该查阅现有的总体规划。当前和未来发展的评估可以为场址的集中位置提供机会。要决定满足预计要求的场址大小,知道工业或市政预计发展速度和位置非常重要。

### 3.1.3.8 考古和历史价值

潜在填埋场址的考古或历史价值应由具有资质的考古学家或人类学家进行确定,并编入环境影响评价报告中。在场址批准和建造开始之前,任何与场址考古学和历史相关的重要发现都应该予以调节。

### 3.1.3.9 费用

早期选址过程中,填埋场应该按照预计的相应费用筛选,包括投资和运行费用。评估场址费用的方法一般没有说明货币的时间价值。对于大多数场址——尤其是使用期长的场址,通货膨胀倾向于选择具有高投资成本的场址而不是相对更高运行成本的场址。在一些情况下,有必要计算分期偿还投资费用。

## 3.1.4 污泥填埋场址选择的方法

选址可分为以下四个基本阶段:

(1)最初填埋场址的评估与筛选;

(2)划分场址等级;

(3)场址调查;

(4)最终选址。

### 3.1.4.1 场址初期评估与筛选

场址初期评估与筛选的目的是要提供一系列潜在场址,通过评估这些场址,可迅速筛选出几个易于管理的候选场址。此阶段的信息资料通常易于获得和使用。这一阶段可分为七个步骤,详述如下。

步骤1:限制选址的相关因素,即考虑国家、省,以及当地的法规;自然条件限制(地下水深度、最大坡度等);人口统计(最近居民期的距离、土地使用因素);政治限制(公众反应、特殊利益群体、预算管理)。

步骤2:确定适当的研究范围,即决定污泥基于污水处理厂的托运距离和/或潜在服务区的最大研究范围半径。

步骤3:确定潜在的候选填埋场址,包括:

(1)通知当地房地产经纪人;

(2)调查过去的场址目录;

(3)研究地图和航空图片;

（4）寻找土地"出售"或"出租"。

步骤4：评估候选场址的经济可行性（根据经验、经验法则、判断分析）包括：

（1）运输距离；

（2）场址发展成本的大致估计；

（3）污泥数量；

（4）设备及工作人员每周的工作时间。

步骤5：应用现有信息和列表信息进行初步的场址调查，有关信息包括：

（1）场址位置；

（2）场址分区；

（3）土地利用（在场址上或场址附近）；

（4）使用权；

（5）运输距离及路线；

（6）地形学；

（7）土壤性质；

（8）可用场址范围；

（9）流域盆地。

步骤6：根据法规、经济上和技术上的考虑，除去不可取场址。

步骤7：通过公众参与计划获得公众支持，例如一个筛选会议可以帮助决定选址初期市民的态度，该地区居民也可能协助确定候选场址。

### 3.1.4.2　划分场址等级

这部分内容说明划分场址等级的定量方法，包括确定目标，确定满足这些目标的标准，说明这些目标及标准的相对重要性，然后按照每个标准的相对重要性和它的总体目标给予分数，分数显示了各候选场址满足各条标准的能力。每项标准的得分相加产生划分场址等级的总分。

这个方法太细，对小的污泥填埋场而言可能是不必要的。在这种情况下，定性系统（使用措辞如适宜，不太适宜，不适宜）可能更为适合，它包括七个步骤。表3-5显示了所描述的划分场址等级的程序是如何应用在下面研究区域 X 的四个候选场址。

表3-5　使用定量方法评价研究区域 X 的四个候选场址

| 1 | 2 | 3 | 4 | 5 | 6a | 6b | 7a | 7b | 8a | 8b | 9a | 9b |
|---|---|---|---|---|---|---|---|---|---|---|---|---|
| 污泥填埋的主要目标 | 按重要性划分目标等级 | 标　准 | 满足目标标准的相对能力 | 满分 | 场址 S-5 | | 场址 S-10 | | 场址 S-11 | | 场址 S-13 | |
| | | | | | 等级 | 得分 | 等级 | 得分 | 等级 | 得分 | 等级 | 得分 |
| 不得危害公众健康 | 1000 | 地下水污染危害 | 10 | 294 | 7 | 206 | 5 | 147 | 9 | 265 | 9 | 265 |
| | | 气体危害 | 8 | 235 | 6 | 176 | 6 | 176 | 8 | 235 | 8 | 235 |
| | | 地下水污染潜势 | 8 | 235 | 5 | 147 | 4 | 118 | 7 | 206 | 7 | 206 |
| | | 地表水污染潜势与危害 | 6 | 176 | 1 | 29 | 1 | 29 | 2 | 59 | 2 | 59 |
| | | 粉尘、噪声与臭气危害 | 1 | 29 | 1 | 29 | 1 | 29 | 1 | 29 | 1 | 29 |
| | | 交通入口危害潜力 | 1 | 29 | 1 | 29 | 1 | 29 | 1 | 29 | 1 | 29 |
| | | 总　计 | 34 | 1000 | 21 | 616 | 18 | 528 | 28 | 823 | 28 | 823 |

| 1 | 2 | 3 | 4 | 5 | 6a | 6b | 7a | 7b | 8a | 8b | 9a | 9b |
|---|---|---|---|---|---|---|---|---|---|---|---|---|
| 污泥填埋的主要目标 | 按重要性划分目标等级 | 标准 | 满足目标标准的相对能力 | 满分 | 场址S-5 | | 场址S-10 | | 场址S-11 | | 场址S-13 | |
| | | | | | 等级 | 得分 | 等级 | 得分 | 等级 | 得分 | 等级 | 得分 |
| 必须得到公众接受 | 800 | 能见度 | 10 | 258 | 5 | 129 | 3 | 77 | 9 | 232 | 8 | 206 |
| | | 通道 | 8 | 206 | 6 | 155 | 7 | 181 | 8 | 206 | 7 | 181 |
| | | 隔离噪声、粉尘与臭气 | 6 | 154 | 3 | 77 | 1 | 26 | 5 | 129 | 4 | 103 |
| | | 地表水污染潜势 | 4 | 103 | 1 | 26 | 1 | 26 | 3 | 77 | 2 | 52 |
| | | 场址可取之处 | 2 | 51 | 1 | 26 | 1 | 26 | 1 | 26 | 1 | 26 |
| | | 改善土地利用的益处 | 1 | 25 | 1 | 26 | 1 | 26 | 1 | 26 | 1 | 26 |
| | | 总　计 | 31 | 800 | 17 | 439 | 14 | 362 | 27 | 696 | 23 | 594 |
| 避免生态破坏 | 500 | 植物的种类与密度 | 10 | 416 | 7 | 292 | 5 | 208 | 9 | 375 | 8 | 333 |
| | | 邻近地区已有开发对物种、种类与密度的影响 | 2 | 83 | 1 | 42 | 1 | 42 | 1 | 42 | 1 | 42 |
| | | 总　计 | 12 | 500 | 8 | 334 | 6 | 250 | 10 | 417 | 9 | 377 |
| 场址利用必须符合当地土地利用规划 | 500 | 填埋区对将来土地利用计划的兼容性 | 10 | 333 | 6 | 200 | 6 | 200 | 9 | 300 | 7 | 233 |
| | | 改善现有土地利用 | 5 | 166 | 1 | 33 | 1 | 33 | 2 | 67 | 1 | 33 |
| | | 总　计 | 15 | 500 | 7 | 233 | 7 | 233 | 11 | 367 | 8 | 267 |
| 场址必须适合通用的开发和运行 | 300 | 场址寿命 | 10 | 136 | 8 | 109 | 9 | 123 | 8 | 109 | 9 | 123 |
| | | 场址覆盖材料的可用性 | 5 | 68 | 1 | 14 | 1 | 14 | 4 | 54 | 1 | 14 |
| | | 转移地表水的能力 | 5 | 68 | 1 | 14 | 1 | 14 | 4 | 54 | 2 | 27 |
| | | 场址可得性 | 2 | 27 | 1 | 14 | 1 | 14 | 1 | 14 | 1 | 14 |
| | | 总　计 | 22 | 300 | 12 | 165 | 11 | 151 | 18 | 245 | 13 | 178 |
| 总　分 | | | | 3100 | 65 | 1773 | 56 | 1538 | 94 | 2534 | 81 | 2239 |

步骤1:基于以下考虑,确定可达到的目标:

（1）技术上的考虑,包括:

1）运输距离;

2）场址使用年限与大小;

3）地形;

4）土壤与地质情况;

5）地下水;

6）土壤总量与适用性;

7）植被;

8）环境敏感区;

9）考古或历史意义;

10）场址使用权;

11）土地利用。

（2）经济上的考虑。

（3）公众接受程度。

步骤2：按重要性的顺序排列以上这些目标，给每一个目标赋一个值（如1～10，1～100，1～1 000）反映其相关重要性（如表3-5所示的第2栏在1～1 000的数值范围内鉴定了第1栏目标的等级），抛弃那些相对其他目标显得不重要的目标。

步骤3：对于各目标，形成一个标准来度量场址达到目标的能力。如表3-5所示的第3栏为第一栏目标列出了标准。

步骤4：按标准在1～10的范围内给每个目标赋值，反映他们达到目标的能力，而不是各个目标的重要性。对于特殊的目标，将赋值加到标准上。如表3-5所示的第4栏显示了第3栏标准的相关赋值以及各个目标的附加值。

步骤5：对于各标准而言，用总评乘以目标的数值再除以所有标准值的总数，目标要得到满分（见表3-5第5栏）。例如，第一个目标（填埋场不得危害公众健康）第一个标准（地下水污染危害）的满分列在表3-5中，执行下面的计算：

$$10 \times 1\ 000/34 = 294$$

因而，各标准的满分是目标总分的分数，目标总分与标准促成目标的相对能力成正比。在一个目标里，所有标准的满分应该总计目标的相对整体评核（见表3-5中第2栏）。

步骤6：对于各准则（标准），从1到10对各场址分配等级表明场址满足准则的潜力（如果一个场址不能满足一个目标，应排除这个场址）。6a、7a、8a、9a栏显示了分配给1、2、3、4各场址的值。这些数值必须加权来反映这些目标和各准则的相对重要性。这要通过准则的满分乘以等级（见表3-5中第5栏），然后准则的相对能力除以总数，来满足目标（见表3-5中第4栏）。例如，7等级被赋值给场址S-5来满足第一个目标第一个准则，然后执行下面的计算，产生一个加权平均数206：

$$7 \times 294/10 = 206$$

表3-5中6b、7b、8b、9b栏显示了研究区域四个候选场址的加权平均数。

如果所有场址每次比较一个标准，这个评分系统运行最好。应该使用相关专家按照相关的标准评定场址，例如，应该使用土地利用规划师评定有关土地利用方面的标准。

步骤7：对于各个填埋场址，所有的单个分数相加得到场址的总分（见表3-5中6b、7b、8b、9b栏的底端行），比较这些总分能够排列各候选场址总体和相对的适用性。例如，考虑所有的目标和标准，对于一个污泥填埋场，如表3-5中所示，场址按照从最适合到最不适合的顺序排列，顺序为S-11，S-13，S-5和S-10。

### 3.1.4.3　场址调查

场址调查包括四个步骤。

步骤1：调查4～6个候选场址，明确场址的具体问题。场地调查（见第6章）可适当补充现有资料信息，尤其是在初期候选场址上进行水文地质调查是可取的。此调查可由初期勘察队考察各场址以下方面：

（1）场址地形学；

（2）总体地貌特征；

（3）基岩考察；

（4）土壤发育水平；

（5）渗流和泉水；

（6）潜在的影响活动（如皆伐）；

（7）植被类型；

（8）湿地潜力。

要进行涉及钻探的水文地质调查，必须获得场址选择权，因为谈判不总是成功的，对于众多场址，评估组希望实地调查，因而，继续二三轮的谈判有时是必要的。

概念（方案）设计的绩效，以及建立在此设计基础上的精细的成本估算的形成，可能也适合于场址调查阶段的一些或全部的候选场址。

步骤2：重新评分和划分场址等级。在水文地质调查期间，一旦获得水文地质调查的结果，就要重新审查和修正候选场址的等级。任何具有不适合水文地质条件的场址都应该在进一步的审查过程中排除。

步骤3：有必要或合适的话，将高端场址的选址调查结果录入环境影响报告书中。要求环境影响报告书在某些情形下是适当的，例如，对于环境敏感的场址或公众高度关注的场址。

步骤4：获得其他公共投入（支持）。

#### 3.1.4.4 最终选址

最终选址分为六个步骤。

步骤1：对于每一个候选场址，形成一个适合污泥和场址特性的方案设计。方案设计首先应该确立场址缓冲区、场址设施、场址容量、场址使用年限，以及整个填埋场的覆盖区域。一旦这些得到确定，使用传统的市政工程和计算机辅助设计与制图工具即可形成初步采掘计划与最终分级计划。然后，设计者通过使用计算机辅助设计与制图工具对照采掘和最终分级计划，可以迅速确定填埋场容量。容量计算依次可以确定土壤平衡，整个场址的使用年限，以及其他场址特征。计算机辅助设计与制图也能够用来描绘填埋场的形状，使公众有更好的直观认识。最后，方案设计可为费用预估服务，可产生一个详细的初步费用预估，包括场地投资费用（衬垫系统、采掘、道路、工具设施等等）和运行费用（设备、工作人员、渗滤液处理/处置等等）。

步骤2：评估封场场址的实用性，选择最适合使用的场址。

步骤3：详细评估每一个候选场址的生命周期成本。

（1）场址投资费用；

（2）填埋场运行费用；

（3）运输费用。

步骤4：评价地方政府政策，获得公众支持。安排公众听证会，获得政府官员和公众最后的评议。

步骤5：选址并列出两者择一的场址。选择场址S-13是基于：（1）更高的公众接受程度；（2）更长的使用年限；以及（3）封场后可作为公园。尽管S-13在技术上不是一个高等级的场址，但是是可以接受的。同样的，它的成本相对较高，但是由于明显的场址效益，营业机构决定承担额外的费用。

步骤6：获得场址。可有以下选择：

（1）选择购买并随后实施（等待场址批准）；

（2）直接购买（场址被规划部门和当地司法部门批准后）；

（3）租赁；

（4）征用和/或其他法庭行为；

（5）土地捐献。

## 3.2　污泥卫生填埋场的类型和填埋方式

### 3.2.1　污泥卫生填埋场的类型

卫生填埋是利用工程手段，采取有效技术措施，防止渗滤液及有害气体对水体和大气的污染，并将废物压实减容至最小，填埋占地面积也最小，在每天操作结束或每隔一定时间用土覆盖，使整个过程对公共卫生安全及环境污染均无危害的一种土地处理方法。根据不同的地形和分解机制，卫生填埋场可分为不同种类。

#### 3.2.1.1　按填埋区所利用自然地形条件分类

按填埋区所利用自然地形条件的不同，填埋场可大致分为平原形填埋场、山谷形填埋场、坡地形填埋场和滩涂形填埋场四种类型。

A　平原形填埋场

平原形填埋场通常是位于地形比较平坦的平原地区。其特点是场地有较厚的土层，有一定的保护地下水的作用；通过填埋场的底部开挖基坑，可获得较充足的覆盖土，可使填埋场及时得到覆盖；容易进行水平防渗处理，易于分单元填埋和填埋作业期间的雨污分流，有利于减少渗滤液产生量；工程施工比较容易，投资省；一般采用高层堆埋垃圾的方式，外围不易形成屏障，填埋场对周围环境易造成影响。

B　山谷形填埋场

山谷形填埋场是利用天然山谷贮存垃圾，通常地处重丘山地，适合山区城市采用。因为山谷一般较封闭，所以填埋场对周围的环境影响较小。山谷形填埋场不占用耕地，征地费用小；较容易实施垂直防渗，而水平防渗的施工较为困难；山谷一般汇水面积较大，地表雨水渗透量大，雨水截留较困难；山谷底部及其侧面一般土层较薄，对防止地下水污染不利；填埋场不容易实现分单元填埋和填埋作业期间的雨污分流。

C　坡地形填埋场

坡地形填埋场通常位于丘陵地区，利用丘陵坡地填埋垃圾。坡地有一定坡度，能较好适应填埋场场地处理的要求，土方工程量小，易于渗滤液的导排和收集；容易进行水平防渗处理，易于分单元填埋和填埋作业期间的雨污分流，有利于减少渗滤液产生量；地下水位一般较深，有利于防止地下水污染，填埋场外汇水面积小，渗滤液产生少；一般不占用耕地，征地费用较低。

D　滩涂形填埋场

滩涂形填埋场地处海边或江边滩涂地形，采用围堤筑路，排水清基，将滩涂废地辟建为填埋场填埋区。由于这一类型的填埋场底部地下水位较浅，对防止地下水污染不利，因此，地下水防渗系统的设置较为关键。滩涂形填埋场容易进行水平防渗处理，易于分单元填埋和填埋作业期间的雨污分流，有利于减少渗滤液产生量。滩涂地地基承载力一般较小，场地往往需做加固处理。

3.2.1.2 按填埋场中垃圾降解的机理分类

根据填埋场中垃圾降解的机理,填埋场可分为好氧、准好氧、厌氧三种类型。

A 好氧填埋场

好氧填埋场是在垃圾体内布设通风管网,用鼓风机向垃圾体内送入空气。垃圾有充足的氧气,使好氧分解加速,垃圾性质较快稳定,堆体迅速沉降,反应过程中产生较高温度(60℃左右),使垃圾中大肠杆菌等得以消灭。由于通风加大了垃圾体的蒸发量,可部分甚至完全消除垃圾渗滤液。因此,填埋场底部只需做简单的防渗处理,不需布设收集渗滤液的管网系统。好氧填埋适应于干旱少雨地区的中小型城市;适应于填埋有机物含量高,含水率低的生活垃圾。该类型的填埋场,因通风阻力不宜太大,故填埋体高度一般都较低。好氧填埋场结构较复杂,施工要求较高,单位造价高,有一定的局限性,故其应用不是很普遍。我国包头市有一座填埋场属于该类型。

B 准好氧填埋场

准好氧填埋场结构的集水井末端敞开,利用自然通风,空气通过集水管向填埋层中流通。如填埋层含有有机废弃物,因最初和空气接触,由于好氧分解,产生二氧化碳气体,气体经排气设施排出。随着堆积的废弃物越来越厚,空气被上层废弃物和覆盖土挡住无法进入下层,下层生成的气体穿过废弃物间的空隙,由排气设施排出。这样,在填埋层中形成与放出的空气体积相当的负压,空气便从开放的集水管口吸进来,向填埋层中扩散,扩大好氧范围,促进有机物分解。但是,空气无法到达整个填埋层,当废弃物层变厚以后,填埋地表层、集水管附近、立渠或排气设施左右部分成为好氧状态,而空气无法接近的填埋层中央部分等处则成为厌氧状态。

在厌氧状态领域,部分有机物被分解,还原成硫化氢,废弃物中含有的镉、汞和铅等重金属与硫化氢反应,生成不溶于水的硫化物,存留在填埋层中。这种在好氧领域有机物分解,厌氧领域部分重金属截留,即好氧厌氧共存的方式,称为"准好氧填埋"。准好氧性填埋在费用上与厌氧性填埋没有大的差别,在有机物分解方面又不比好氧性填埋逊色,因而得到普及。

C 厌氧填埋场

厌氧填埋场在垃圾填埋体内无需供氧,基本上处于厌氧分解状态。由于无需强制鼓风供氧,简化了结构,降低了电耗,使投资和运营费大为减少,管理变得简单。同时,厌氧填埋不受气候条件、垃圾成分和填埋高度的限制,适应性广。在实际应用中,不断完善发展成的改良型厌氧卫生填埋,是目前世界上应用最广泛的类型。

改良型厌氧垃圾卫生填埋场除选择合理的场址外,通常还应有下列配套设施:

(1)阻止废物外泄、起围护和增加堆高作用的垃圾坝、堤等设施;

(2)排除场外地表径流及垃圾体覆盖面雨水的排洪、截洪、场外排水等沟渠;

(3)为防止垃圾渗滤液对地下水、地表水系的污染,采用场底及周边的防渗设施,渗滤液的导出、收集和处理设施;

(4)为防止厌氧分解产生的沼气而引发的安全事故和沼气作为能源回收利用,设置沼气的导出系统和收集利用系统。

## 3.2.2 污泥填埋方式

污泥填埋分为单独填埋和混合填埋,在欧洲,脱水污泥与城市垃圾混合填埋比较多,而在美国,多数采用单独填埋。污泥单独填埋可分为三种类型:沟填(trench)、平面填埋(area fill)、筑堤填埋(diked containment)。填埋方法的选择取决于填埋场地的特性和污泥含水率。

### 3.2.2.1　沟填

沟填就是将污泥挖沟填埋。沟填要求填埋场地具有较厚的土层和较深的地下水位,以保证填埋开挖的深度,并同时保留有足够多的缓冲区。沟填的需土量相对较少,开挖出来的土壤能够满足污泥日覆盖土的用量。

沟填分为两种类型:宽度大于3 m的为宽沟填埋,小于3m的为窄沟填埋,两者在操作上有所不同。窄沟填埋中,机械在地表面上操作。窄沟填埋的单层填埋厚度为0.6 ~ 0.9 m,窄沟填埋可用于含固率相对较低的污泥填埋,但其土地利用率低,且沟槽太小,不可能铺设防渗和排水衬层。宽沟填埋中,机械可在地表面上或沟槽内操作。地面上操作时,所填污泥的含固率要求为20% ~ 28%;沟槽内操作时,含固率要求为大于28%。其与窄沟填埋相比的优点为可铺设防渗和排水衬层。

沟槽的长度和深度根据填埋场地的具体情况,如地下水和基岩的深度、边坡的稳定性以及挖沟机械的能力所决定。

### 3.2.2.2　平面式填埋

平面式填埋是将污泥堆放在地表面上,再覆盖一层泥土,因不需要挖掘操作,此方法适合于地下水位较浅或土层较薄的场地。由于没有沟槽的支撑,操作机械在填埋表层操作,因此,填埋物料必须具有足够的承载力和稳定性。对污泥单独进行填埋往往达不到上述要求,所以一般需要混入一定比例的泥土一并填埋。

平面填埋可分为土墩式和分层式两种方式。

土墩式要求污泥含固率大于20%,泥土与污泥的混合比一般在0.5 ~ 2之间,这由所要求的稳定度和承载力决定。混合堆料的单层填埋高度约2 m,中间覆土层厚度为0.9 m,表面覆土层厚度为1.5 m。土墩式填埋的土地利用率较高,但泥土用量大,操作费用较高。

分层式填埋对污泥的含固率要求可低至15%,泥土与污泥的混合比一般在0.25 ~ 1之间。混合堆料分层填埋,单层填埋厚度约0.15 ~ 0.9 m,中间覆土层厚度为0.15 ~ 0.3 m,表面覆土层厚度为0.6 ~ 1.2 m。为防止填埋物料滑坡,分层式填埋要求场地必须相对平整。它的最大优点为填埋完成后,终场地面平整稳定,所需后续保养较堆放式掩埋少,但其填埋量通常较小。

### 3.2.2.3　堤坝式填埋

堤坝式填埋是指在填埋场地四周建有堤坝,或是利用天然地形(如山谷)对污泥进行填埋,污泥通常由堤坝或山顶向下卸入,因此,堤坝上需具备一定的运输通道。

堤坝式填埋对填埋物料含固率的要求与宽沟填埋相类似。地面上操作时,含固率要求为20% ~ 28%,堤坝内操作时,相应的要求为大于28%。对于覆土层厚度的要求,地面上操作时,中间覆土层厚度为0.3 ~ 0.6 m,表面覆土层厚度为0.9 ~ 1.2 m;堤坝内操作时,需将污泥与泥土混合填埋,泥土与污泥的混合比为0.25 ~ 1,中间覆土层厚度为0.6 ~ 0.9 m,表面覆土层厚度为1.2 ~ 1.5 m。它的最大优点在于填埋容量大。由于堤坝式填埋的污泥层厚度大,填埋面汇水面积也大,产生渗滤液的量亦较大,因此,必须铺设衬层和设置渗滤液收集和处理系统。

#### 3.2.2.4 混合填埋

国外将污泥与城市生活垃圾或泥土进行混合填埋。与生活垃圾混合填埋是将污泥撒布在城市垃圾上面,混合均匀后铺放于填埋场内,压实覆土。污泥含固率通常要求在20%以上。污泥与垃圾的混合比为1:7~1:4,中间覆土层厚度为0.15~0.3 m,表面覆土层厚度为0.6 m,填埋容量为900~7900 $m^3/hm^2$。研究表明,污泥的加入,使填埋场产气量增加,垃圾稳定化过程明显加快。

但我国很多填埋场的实践证明,因垃圾含水率高,污泥与垃圾混合填埋的方式较难实施。通过污泥和改性剂混合,污泥强度和渗透性能提高,可顺利填埋。

含固率大于20%且已稳定的污泥可与矿化垃圾、粉煤灰、建筑垃圾或泥土等按1:1的比例混合(混合物含水率一般控制在不大于50%),用作垃圾填埋场的中间覆土和表面覆土,填埋容量约为3000 $m^3/hm^2$。它比与垃圾混合填埋操作简单,并且由于污泥混合物的植物养分含量高,有利于填埋场的最终植被恢复。改性剂可以提高污泥的渗透性,减轻污泥水解酸化产物的积累对微生物的抑制作用,可明显缩短渗滤液有机污染物浓度到达峰值的时间,并降低峰值的大小;提高污泥的产气速率,加速污泥进入甲烷化阶段,并可提高气体的甲烷含量。因此,加快了污泥的降解进程,缩短污泥达到稳定化所需时间。

上述四种填埋类型的设计参数见表3-6。

表3-6 不同填埋类型的设计参数

| 分类 | 填埋方法 | 污泥含固率/% | 沟槽宽度/m | 改性剂 | 混合比例 | 覆盖厚度/m 中间 | 覆盖厚度/m 最终 | 是否需外运土 | 填埋面积容量/$m^3 \cdot hm^{-2}$ | 使用设备 |
|---|---|---|---|---|---|---|---|---|---|---|
| 单独填埋 | 窄沟 | 15~20 | 0.6~0.9 | — | — | | 0.6~0.9 | 不 | 2300~10600 | 反铲装载机、挖土机、挖沟机 |
| | | 20~28 | 0.9~3 | | | | 0.9~1.2 | | | |
| | 宽沟 | 20~28 | 3 | — | — | | 0.9~1.2 | 不 | 6000~27400 | 履带式装载机、拉铲挖土机、铲运机、推土机 |
| | | ≥28 | 3 | | | | 1.2~1.5 | | | |
| | 平面土墩 | ≥20 | — | 泥土 | 土/泥 0.5~2:1 | 0.9 | 0.9~1.5 | 是 | 5700~26400 | 履带式装载机、反铲装载机、推土机 |
| | 平面分层 | ≥20 | — | 泥土 | 土/泥 0.25~1:1 | 0.15~0.3 | 0.6~1.2 | 是 | 3800~17000 | 履带式装载机、平土机、推土机 |
| | 筑堤填埋 | 20~28 | | 泥土 | 土/泥 0.25~0.5:1 | 0.3~0.6 | 0.9~1.2 | 是 | 9100~28400 | 挖土机、铲运机、推土机 |
| | | ≥28 | | | | 0.6~0.9 | 1.2~1.5 | | | |
| 混合填埋 | 与垃圾混合 | ≥20 | — | 垃圾 | 垃圾/污泥 4~7:1 | 0.15~0.3 | 0.6 | 不 | 900~7900 | 挖土机、履带式装载机 |
| | 与改性剂混合 | ≥20 | — | 泥土、矿化垃圾等 | 1:1 | 0.15~0.3 | 0.6 | 不 | 3000 | 带盘拖拉机、平土机、履带式装载机 |

　　这些填埋方法按总成本从低到高的顺序进行排列如下：(1)污泥与垃圾混合填埋；(2)污泥与泥土混合填埋；(3)宽沟填埋；(4)窄沟填埋；(5)筑堤填埋；(6)平面分层填埋；(7)平面土墩填埋。可见，混合填埋和宽沟填埋是最经济的填埋方法。宽沟具有较高的土地使用率，但要求污泥的含固率较高。窄沟的劳动力需求较高且强度大，导致投资和运行成本高。平面填埋的劳工和设备需求大。筑堤填埋由于初期劳动力和设备需求较高而需要较大的工作量，但一旦建成，具有较高的运行和土地利用效率。

## 3.3　污泥循环卫生填埋工艺与技术

### 3.3.1　污泥循环卫生填埋工艺

　　污泥循环卫生填埋技术是通过添加一定比例的改性剂(如矿化垃圾、粉煤灰、建筑垃圾、泥土等)，改善污泥的力学性能，使污泥强度和渗透性能得到提高，达到填埋要求的改性污泥可直接进行填埋。改性污泥在填埋场中经历长期的生物降解过程，达到稳定化后形成矿化污泥。将矿化污泥进行开采利用，腾出的填埋空间再次填入新鲜改性污泥，反复利用填埋场的生物反应器功能，形成"污泥填埋—填埋场污泥降解与稳定化形成矿化污泥—矿化污泥开采与利用—污泥填埋"的循环，实现填埋场的循环使用，从而省下建造新填埋场的费用。

　　污泥的卫生填埋操作环节组成包括：(1)对填埋场地作基础施工，铺设防渗层和排水层。以平地填埋为例，先平整地坪，然后铺压实黏土层，再铺设人工防渗膜，其上设穿孔PVC管网，管网上铺设2 mm厚的砾石保护层。(2)以挡土墙的形式开辟填埋单元。在砾石基础上以挡土墙的形式形成相对独立的填埋单元。(3)填埋操作程序。污水处理厂脱水污泥与矿化垃圾等改性剂按1∶1～2∶1的比例均匀搅拌混合，运行填埋单元，摊铺成60 cm厚度，以履带式推土机整平压实，覆盖30～50 cm厚的土层。以一定的间隔打通气井，气井高度随着填埋污泥的不断堆高而逐渐加高。(4)填埋区雨水和污水引流处理：填埋区地表水来源于降雨、污泥沉降和压实出水和渗滤水，雨水进入污水管道会增加污水处理装置的压力，因此应分流。雨水分流主要通过填层覆盖形成缓坡和场地环形雨水沟道来实现，污水由收集管网汇集后进入处理站处理。填埋场运行期间，定期监测地下水、大气、渗滤液和污泥性质等，防止对周围环境的污染。填埋单元填满后进行封场覆盖，封场后运行和管理直到填埋场单元污泥达到稳定化时，对稳定化的污泥进行开采，移至别处用作绿化或土地改良用土，重新向库区填埋新鲜的改性污泥。典型工艺如图3-4所示。

　　由于填埋区的构造不同，不同填埋场采用的具体填埋方法也不同。比如在地下水位较高的平原地区，一般采用平面堆积法填埋垃圾；在山谷形的填埋场可采用倾斜面堆积法；在地下水位较低的平原地区可采用掘埋法；在沟壑、坑洼地带的填埋场可采用填坑法填埋垃圾。实际上，无论何种填埋方法均由混合、卸料、推铺、压实、覆土和灭虫六个步骤构成。

#### 3.3.1.1　混合

　　将污泥运至混合设备处，按照一定比例与添加剂进行充分混合。

#### 3.3.1.2　卸料

　　采用填坑作业法卸料时，往往设置过渡平台和卸料平台。而采用倾斜面作业法时，则可直接卸料，将混合污泥卸至填埋单元。

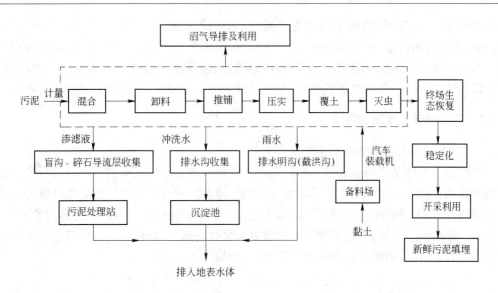

图 3-4 污泥卫生填埋典型工艺流程

### 3.3.1.3 推铺

卸下的污泥的推铺由推土机完成,一般每次垃圾推铺厚度达到 30~60 cm 时,进行压实。

### 3.3.1.4 压实

压实是填埋场填埋作业中一道重要工序,填埋垃圾的压实能有效地增加填埋场的容量,延长填埋场的使用年限及对土地资源的开发利用;能增加填埋场强度,防止坍塌,并能阻止填埋场的不均匀性沉降;能减少垃圾孔隙率,有利于形成厌氧环境,减少渗入垃圾层中的降水量及蝇、蛆的孳生,也有利于填埋机械在垃圾层上的移动。因此,填埋垃圾的压实是卫生填埋过程中一个必不可少的环节。

垃圾压实的机械主要为压实机和推土机。一般情况下,一台压实机的作业能力相当于 2~3 台推土机的工作效能,其在国外大型填埋场已得到广泛使用。在填埋场建设初期,国内较多填埋场用推土机代替专用压实机,压实密度较小,为得到较大的压实密度,国内垃圾填埋场也正在逐步采用垃圾压实机和推土机相结合来实施压实工艺。

### 3.3.1.5 覆土

卫生填埋场与露天垃圾堆放场的根本区别之一就是卫生填埋场的垃圾除了每日用一层土或其他覆盖材料覆盖以外,还要进行中间覆盖和最终覆盖。日覆盖、中间覆盖和终场覆盖的功能各异,各自对覆盖材料的要求也不相同。

污泥填埋作业时尝试使用了四种施工设备,包括小型低压振动滚筒压实机、振动板夯土机、羊角滚筒压实机和低地压纤拉推土机。实践表明,振动方法不能将污泥混合均匀,污泥的黏性导致污泥结块的特点使羊角滚筒压实机不能压实污泥。使用低压强推土机和小型光滑滚筒碾压机堆置污泥的效果较好。其中低压强推土机具有最佳的压实效果并可使污泥混合均匀。

### 3.3.1.6 灭虫

填埋场的蝇密度以新鲜垃圾处为最多,在填埋场温度适宜时,幼虫在垃圾层被覆盖前就能被孵出,以致在倾倒区附近出现大量苍蝇,应以灭蝇为重点。掌握药物传播途径,正确使用药剂,控制药剂污染,尽可能减少药剂使用。喷雾型机械适宜于野外作业,减少药物给环境带来的污染。认真执行填埋工艺,对垃圾的压实、覆盖能有效地降低蝇密度,并且在填埋场有针对性地种植一些驱蝇诱蝇植物,减少填埋场的灭蝇用药量,防止苍蝇向周边扩散。

### 3.3.2 污泥循环卫生填埋技术

#### 3.3.2.1 污泥直接循环卫生填埋

直接卫生填埋是指污水处理厂出厂污泥不需经改性等预处理而直接将其进行安全填埋的处理技术。如对于平原形卫生填埋场,可将其分割为 7 个填埋单元,相邻填埋单元之间采用隔堤隔开,每个填埋单元的使用年限为 1 年,单元构造如图 3-5 所示。从第六年开始,可开挖第一年的填埋单元,开挖腾出来的填埋单元可进行重复填埋利用,以后开挖与填埋连续循环进行;而稳定化后的矿化污泥可用于造地、回填土等。

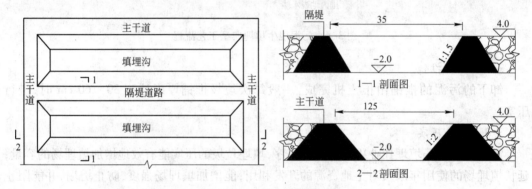

图 3-5　污泥直接沟填结构示意图

#### 3.3.2.2 污泥循环卫生填埋

A　防渗层的基本构造

防渗处理是卫生填埋场建设要考虑的重要因素之一。卫生填埋场应铺设防渗层,以防止渗滤液的渗漏给周围环境带来不利影响。

填埋场的防渗处理包括水平防渗和垂直防渗两种方式。水平防渗层是指防渗层水平方向布置,防止渗滤液向下渗透污染地下水;垂直防渗是指防渗层竖向布置,防止渗滤液向周围渗透导致地下水的污染。水平防渗衬层主要包括黏土衬层和人工合成衬层两大类,其中黏土层主要包括天然黏土衬层和人工黏土衬层,而人工合成衬层又称土工膜,其是不透水的合成材料的总称,常用的土工膜为 2 ~ 2.5 mm 的高密度聚乙烯膜(HDPE),其渗透系数极低,通常在 $10^{-13}$ ~ $10^{-12}$ cm/s。目前,水平防渗层主要是以渗透性能极低的化学合成材料(高密度聚乙烯膜,HDPE)为核心而构建的全封闭式的非透水隔离层,在隔离层的上方可进行改性污泥的卫生填埋以及污泥渗滤液的收集和导排,而其下部的碎石导排层可对地下水进行安全有效地导排,杜绝地下水位的升高对隔离层带来的安全隐患和不利影响。

针对污泥卫生填埋场的特殊性,在原有生活垃圾卫生填埋场人工水平防渗层结构设计的基础之上,设计出了一种新型污泥专用卫生填埋场人工水平防渗层,其基本构造如图 3-6 所示,在夯实的黏土层上依次是碎石地下水导排层、长丝无纺土工布过滤层、高密度聚乙烯膜(HDPE)、无纺土工布保护层、φ40 ~ 50 mm 碎石主渗滤液收集层、φ25 ~ 30 mm 碎石主渗滤液收集层、有纺土工布以及生活垃圾或矿化垃圾或建筑垃圾保护层。其各衬层都具有其特殊的作用,图3-6所示的碎石地下水导排层可对地下水进行安全导排,防止地下水位的升高造成的隔离层的失效;长丝无纺土工布过滤层和无纺土工布保护层起到保护高密度聚乙烯膜(HDPE)的作用;高密度聚乙烯膜(HDPE)可以有效防止渗滤液的渗漏和污泥填埋气的无规则迁移;$\phi25 \sim 30$ mm 和 $\phi40 \sim 50$ mm 碎石主渗滤液收集层的作用是收集和导排污泥中产生的渗滤液,而 $\phi25 \sim 30$ mm 碎石主渗滤液收集层则同时可以起到防止 $\phi40 \sim 50$ mm 碎石主渗滤液收集层堵塞的保护功能;有纺土工布是为了分隔碎石和上层保护层,使之不致混合而导致碎石主渗滤液收集层的堵塞;另外,最上层的生活垃圾、矿化垃圾或建筑垃圾保护层则主要是起到保护碎石主渗滤液收集层和主防渗层高密度聚乙烯膜的作用,使之不会被填埋作业的机械所损坏或防止高密度聚乙烯膜被长条尖锐物刺破,降低防渗层的渗透系数或导致其无法安全使用。

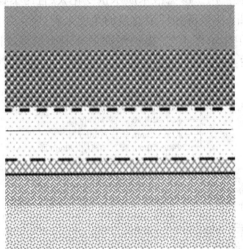

改性与预处理污泥

500mm 保护层

100g/m² 有纺土工布
$\phi25 \sim 30$mm 碎石主渗滤液收集层
$\phi40 \sim 50$mm 碎石主渗滤液收集层
400g/m² 无纺土工布保护层
1.5mmHDPE 土工膜
200g/m² 长丝无纺土工布过滤层
150mm 的碎石地下水导排层

500mm 黏土保护层

图 3-6　污泥卫生填埋场水平防渗层结构示意图

　　垂直防渗层结构如图3-7所示,自下而上依次为黏土层、长丝无纺土工布保护层、高密度聚乙烯土工膜(HDPE-单糙面)、无纺土工布保护层和改性污泥。由于边坡的施工难度

改性污泥
400g/m² 无纺土工布保护层
1.5mmHDPE 土工膜(单糙面)
200g/m² 长丝无纺土工布保护层
黏土层

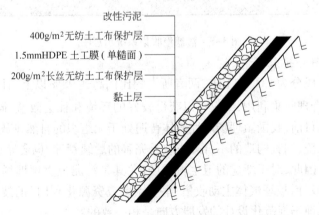

图 3-7　污泥卫生填埋场垂直防渗层结构示意图

较大,上层膜容易滑动脱落,因此,边坡黏土层的厚度一般较底层厚度大20%;另外,边坡坡度要求适中,坡度过大时容易导致膜的破损,且会导致施工难度的增加,但相反,边坡过小时,开挖量较大,增加投资建设费用,因此,一般推荐边坡坡度(垂直:水平)取1:3。

渗滤液收集系统的具体构造如图3-8所示,在平整后的库底设置渗滤液收集导排盲沟,盲沟间隔以50 m为宜,为满足渗滤液集排水的要求,其底坡坡度一般取2.0%,盲沟材料采用碎石,外包土工布,内设渗滤液收集管,收集管的直径通常为φ200~250 mm;收集管周围的碎石材料需进行级配填充处理,强化外层土工布的防堵塞功能,以便改善和提高渗滤液收集系统的收集效率,最小化导排盲沟堵塞隐患的发生。另外,在填埋单元主盲沟的末端需布置渗滤液集水井及提升泵,作用是用来收集来自集水管道的渗滤液,它可以位于填埋场场内,也可位于填埋场场区外部;水泵应选择杂质泵和多个泵的组合,以适应渗滤液的水质变化,水泵的设置应考虑最不利的情况的发生。渗滤液收集后由渗滤液提升泵提升后,经管道输送至渗滤液调节池并做进一步处理。由于渗滤液水质水量变化大,且污染物浓度高,处理工艺复杂,投资和运行成本较高,因此,从经济和环境效益的角度来看,应该加大污泥卫生填埋场的管理力度并进一步改善污泥卫生填埋工艺,提倡污泥循环卫生填埋或高效资源化利用,以最大限度地降低其环境危害性。

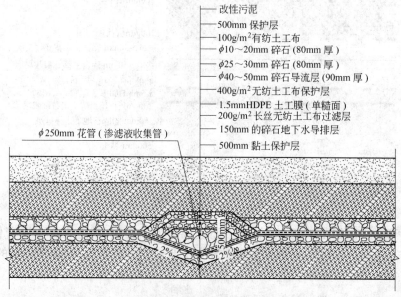

图3-8　渗滤液收集系统示意图

**B　填埋气收集导排系统**

填埋气的主要成分为$CO_2$和$CH_4$,两者所占的比例高达98%以上,且甲烷热值很高,因此,如能对其进行合理收集利用,不仅可以获得较好的环境和社会效益,同时还可以获得一定的经济效益。但目前,我国填埋场填埋气体普遍处于无组织的自然排放状态,即使安装了填埋气收集导排系统,因其构造的不合理或缺乏完善的后续管理,也会导致填埋气的收集效率受到严重影响。因此,对于新建的卫生填埋场,尤其是污泥卫生填埋场的填埋气体,应提出"收集系统合理设计、填埋气体主动收集、集中点燃或资源化利用"的技术要求,这一要求与我国今后卫生填埋场规范化设计的发展方向是相一致的。

填埋气收集系统主要包括被动型气体收集和主动型气体收集两类。被动型气体收集是以填埋场内部存在的压力和浓度梯度为扩散动力,将填埋气导排入大气或进行控制的系统。主动型气体收集系统是指由气体集气井、气体收集支管和总管构成的覆盖于整个填埋场的气体传输网。气体收集系统的总管和风机的负压面相连接,使收集系统和填埋区域处于负压状态,从而使填埋气不断地从收集井内被抽吸上来,收集井剖面结构如图3-9所示。

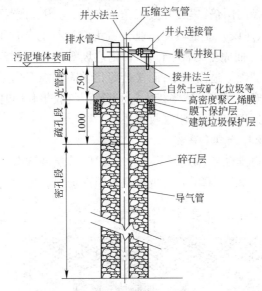

图3-9 收集井剖面图

污泥填埋气垂直导气管为 $\phi 200 \sim 250\,mm$ 多孔收集管,管底高出单元地基 $0.5\,m$,管顶露出污泥覆盖层表面 $1.0\,m$。为防止收集管堵塞,导气管周围须充填三层级配的碎石和 $0.5\,m$ 的保护层(如矿化垃圾、建筑垃圾等),其结构如图3-10所示,由里到外依次为穿孔

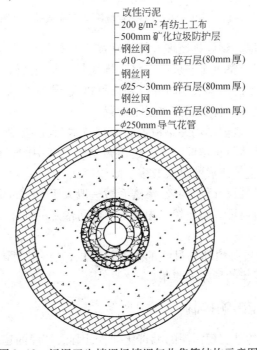

图3-10 污泥卫生填埋场填埋气收集管结构示意图

花管、$\phi 40 \sim 50$ mm 碎石主渗滤液收集层、$\phi 25 \sim 30$ mm 碎石主渗滤液收集层、$\phi 10 \sim 20$ mm 碎石主渗滤液收集层、有纺土工布、矿化垃圾保护层、有纺土工布和改性污泥。

　　气体收集井的井间距和布置主要是根据收集井的影响半径来确定的。影响半径是能被收集到收集井的距离,即在此半径范围之内的填埋气体都可以被收集井收集,收集井的井间距在理论上应为影响半径的两倍,集气井按三角形布局,考虑到改性污泥的渗透系数较低、收集井影响半径有限等,建议在满足填埋作业机械正常运行的条件下,尽量缩短井间距,其安装间距可取 $25 \sim 30$ m。而原生污泥、土壤/矿化垃圾等改性污泥产气速度大,周期短,其收集井安装间隔可在此基础上适当缩小;而镁盐等化学固化剂固化污泥产气速度较低,延迟时间长,因此,其收集井安装间隔可适当扩大;当进行沼气收集利用时,应根据改性方法的差异确定利用方式,必要时可安装横向沼气收集系统。

　　C　污泥卫生填埋场封场覆盖系统

　　覆盖系统自下至上由排气层、防渗层、排水层和植被层四部分组成,其构成如图 3-11所示,有关参数参照 CJJ 112—2007《生活垃圾卫生填埋场封场技术规范》。

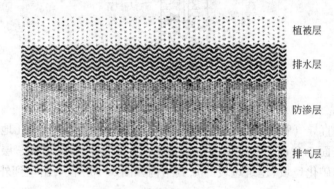

图 3-11　污泥卫生填埋场封场覆盖系统结构示意图

　　(1)排气层　排气层起到导排填埋气体的功能。其材料可以为碎石、矿化垃圾以及建筑垃圾等,填埋气体可以沿整个排气层面迁移。排气层并非表面密封系统的必备结构层,只有当填埋废物产生较大量的填埋气体时才需要设置排气层,另外,如果填埋场已经安装填埋气体的收集导排系统,则顶部排气层亦可以不设置。

　　(2)防渗层　防渗层是填埋场终场覆盖的关键技术,其主要是用于阻止雨水渗入填埋场中,同时也能一定程度地阻止填埋气体通过覆盖层向大气中的迁移。其材料可以是高密度聚乙烯膜、黏土、膨润土等组成的单层或多层防渗层。

　　(3)排水层　排水层由沙砾质构成,渗透系数一般大于 $10^{-5}$ m/s,其不仅可以收集通过植被层下渗的雨水,同时还可以阻止植物根系对下部防渗层的损坏,对防渗层起到一定程度的保护作用。

　　(4)植被层　植被层是填埋场最终的生态恢复层,其可以美化环境,防止雨水冲蚀土壤,同时也有利于地表径流的导排和收集。

## 3.4　污泥填埋的环境影响控制

　　污泥填埋的根本目的是实现污泥的无害化处置,因此,填埋的建设不应对周围环境产生二次污染或对周围环境污染超过国家有关法律、法令和现行标准允许的范围,并且应与当地的大气防护、水资源保护、环境生态保护及生态平衡要求相一致,确保不引起空气、水、噪声的污染,不危害公共卫生。填埋场地在填埋前应进行水、气、声、蝇类孳生等的本底测定,填埋后再进行相应的定期监测。

### 3.4.1 大气污染物控制

#### 3.4.1.1 填埋气体

填埋气体主要成分为 $CH_4$ 和 $CO_2$,约占填埋气体的 95% ~ 99%,其对人体无害,但当 $CH_4$ 在空气中的体积占到 5% ~ 15% 时,容易引起爆炸。另外,填埋气体中还含有 $NH_3$、$H_2S$、$N_2$ 和 $H_2$ 等气体,$NH_3$ 和 $H_2S$ 虽然排放量不大,但其为强烈刺激性气体,大量气体逸出的地方有恶臭,同时 $H_2S$ 对人体有毒。

污泥填埋气体的组成与生活垃圾填埋气体接近,单位体积纯污泥(生污泥)的气体产率可能高于生活垃圾。但污泥填埋的面积密度低、与添加剂混合比大,因此,其有效的面积产气率比典型的生活垃圾填埋场低得多;加之污泥填埋层颗粒致密、孔隙率小,气体收集井的服务半径十分有限,因此,少有专用污泥填埋场气体主动收集利用的报道。专用污泥填埋场多采用被动气体放散的方法,以安全为目标对气体进行控制。但污泥与改性剂混合填埋可加速填埋气体的产生,提高填埋气体能量利用价值的可能。填埋气体有组织放散与收集的要点是:(1)覆盖;(2)导气通道。封场覆盖必须达到规范要求的防渗性能,填埋场建立由导气石笼和渗滤液收集盲沟组成的气体导排系统。填埋气体可经该系统排入大气,采用甲烷报警器和燃烧装置监测控制填埋气体。

为避免场区无组织释放的填埋气体的潜在危害,填埋场管理部门应在填埋场区设置醒目的消防、禁火标志,并做好员工和外来人员的安全教育,定期举行消防演练。填埋场应按设计要求,设置专用消防管网、构筑消防水池、防火隔离带和灭火器。

#### 3.4.1.2 扬尘

填埋场在日常运行过程中,车辆的行驶、覆盖土的运输、装卸、压实等过程中均易产生扬尘;同时,大风天路面及填埋场作业面的尘土也容易扬起。对于填埋场扬尘的控制,必须在进出道路和作业面进行洒水和及时清理。

### 3.4.2 水污染控制措施

#### 3.4.2.1 防渗措施

污泥填埋场底部应满足一定的防渗要求,除了窄沟填埋因经济原因主要考虑自然土层防渗外,其他污泥填埋场可按下衬土层的自然渗透性,选择采用人工(以 HDPE 膜为技术主流)或自然衬层防渗的方法。

#### 3.4.2.2 雨污分流

采用分区填埋作业工艺,做好清污分流,减少进入填埋场的降雨量,从而可大大减少渗滤液产生量,并且保护地面水。

#### 3.4.2.3 污水处理

场区污水主要来自填埋区产生的渗滤液、生活污水及冲洗车间地面和运输车的污水。渗滤液的产生源自于地面水的流入、雨水的渗入和污泥自身的分解。渗滤液收集并经处理装置处理达到 GB 16889—2008《生活垃圾填埋污染控制标准》中的要求后才能排放。

### 3.4.3　入场污泥

为了防止污泥臭气散发,运输污泥的车辆应密封,防止污泥浸出液渗漏出车外。污泥运至填埋场后不宜久存,尽快与添加剂混合后进行填埋。

### 3.4.4　噪声控制

填埋场大部分机器设备的噪声在选型上均控制在 85 dB 以下。对噪声较大的机具和设备,采用消音、隔音和减振措施,减少机具和设备的噪声污染。

### 3.4.5　臭气控制

如不做好臭气控制,位于填埋场下风向的居民将受到恶臭的影响。针对这种情况,采取以下措施:

（1）污泥填埋后必须及时进行覆盖,尽量减少裸露面积和裸露时间;

（2）采用渐进修复填埋作业工艺,及时种植绿化,以控制臭气扩散;

（3）渗滤液调节池铺设防臭膜盖,能有效减少臭气的散发。

### 3.4.6　灭蝇

蝇类孳生严重影响了填埋场职工和临近居民的生活,是公众对填埋场环境污染反应最强烈的问题。所以,防止苍蝇、蚊子的孳生应是填埋场环境保护的一个重要方面。根据城市环境卫生质量标准,可视范围内苍蝇应少于 6 只/次。本工程苍蝇密度控制在 10 只/（笼·日）。具体灭蝇措施如下:

（1）运输沿途严格控制灭蝇:可采用压缩密封运输车减少苍蝇的孳生;

（2）以灭蝇工艺措施为主、药物灭蝇为辅。采用分区集中填埋、及时覆盖的方法,减少裸露面积和裸露时间,阻断苍蝇繁殖;药物灭蝇以控制标准值为依据,高于此值,即需要喷洒药物进行防治,同时注意药物对环境产生的副作用。

### 3.4.7　污泥堆体沉降

污泥填埋作业程序是在指定地点卸车后,按当天污泥量为一填埋单元,用推土机推平压实后应坚持每日覆盖。完成一个填埋台阶后以黏土作为中间覆土并进行压实。随着污泥堆体高度的增大,以及污泥中的有机组分将持续较长时间的降解过程,导致堆体的自压缩与沉降。由此带来堆场的不稳定风险是必须予以重视的。在严格做好污泥堆体内排水、导气工作和保证堆填工艺质量的情况下,污泥堆体产生滑坡地质灾害的危险性小,其安全性是有保障的。

为提高污泥堆体的稳定性,应保证添加剂的用量充足,污泥与添加剂的混合尽量均匀,在堆填过程中尽量做到及时采用黏性土或 HDPE 膜覆盖,尽量减少暴雨期间的雨水进入垃圾堆体;保证导气竖井和渗滤液收集管道畅通,及时将填埋气和渗滤液导排出来。定期监测最终覆盖层的沉降量,判断覆盖层的稳定性。

### 3.4.8　环境质量监测控制系统

对填埋场的进场污泥、地表水、地下水、大气、苍蝇等进行定期定点监测，及时掌握环境质量状况，对出现的问题及时采取补救措施。依据 GB/T 18772—2002《生活垃圾填埋场环境监测要求》，设置必要的监测井和监测点，执行常规的监测。填埋场所需进行的环境本底值测试及常规的监测内容见表3-7。

表3-7　环境监测内容一览表

| 内容项目 | 监测点布置 | 监测项目 | 监测频率 |
|---|---|---|---|
| 地面水监测 | 场区天然排水沟 | pH 值、COD、$BOD_5$、$NH_3-N$、亚硝酸盐氮、硝酸盐氮、总硬度、大肠菌值和重金属离子等 | 填埋场启用前进行 3 次本底监测；启用后，丰、平、枯水期各 1 次，高峰月 2 次 |
| 地下水监测 | 在填埋场北侧上游副坝外 30 m 设本底井 1 眼，在填埋场库区东面及西面设污染扩散井各 1 眼，在污泥主坝外调节池的下游 30 m 设监视井 1 眼 | pH 值、COD、$NH_3-N$、亚硝酸盐氮、硝酸盐氮、硬度、氯化物、硫酸盐、大肠菌值和重金属离子等 | 填埋场启用前进行 1 次本底监测；启用后，丰、平、枯水期各 1 次 |
| 渗滤液监测 | 库区渗滤液导出管出水口，调节池出口，渗滤液处理站排放口 | pH 值、COD、$BOD_5$、$NH_3-N$、SS 和大肠菌值 | 填埋场启用后，每个月 1 次，第二年后每季 1 次 |
| 填埋气监测 | 导气石笼排出口和甲烷气体容易积聚的地点 | $CH_4$、$CO_2$、CO、$O_2$、$N_2$、$H_2S$ 和其他可燃气 | 填埋场启用后每月监测 1 次 |
| 大气监测 | 年主导风向上风向 1 点、场区内 1 点、年主导风向下风向 2 点 | TSP、$CO_2$、$NO_2$、$CH_4$、CO、$H_2S$ 和臭气 | 填埋场启用后每月监测 1 次 |
| 噪声监测 | 渗滤液处理区设备及场界、填埋区设备及边界 | | 填埋场启用后每年监测 1 次 |
| 苍蝇监测 | 填埋场内每隔 50 m 设置 1 点。整个场内不少于 10 个 | 蝇指数以只/h 表示 | 填埋场启用后 1~3 年内，根据气候特征，在苍蝇活跃季节 7~9 月份，每月测 2 次 |
| 后期监测 | 在封场后的 10~13 年内要继续对场内大气、渗滤液、噪声、填埋堆体内气体及蚊蝇进行监测，监测周期视测试结果而定，从每季 1 次到每年 1 次不等，当监测结果表明填埋物已稳定化后，应召开专家论证会，宣告结束维护 | | |

# 4 污泥填埋场稳定化进程及加速污泥稳定化技术

填埋场是由固相(无机颗粒及有机颗粒等)、液相(渗滤液)和气相(填埋气)所组成的三相复合系统,是一个不断地进行着物理、化学反应的微生态系统。由于填埋场组成与结构的复杂性,污染物进入填埋场后,将会在填埋物 – 微生物 – 渗滤液 – 填埋气体微生态系统内发生一系列物理、化学反应,如吸附、沉淀、生物降解等过程,使污染物得到降解、净化。填埋场的稳定化,是一个同时进行着物理、化学反应的复杂而又漫长的过程。在这一过程中,填埋场不仅具有储存填埋物、隔断污染的功能,而且还有生物降解和污染处理等功能。因此,填埋场可以看成是一个巨大的生物反应器,污泥被填埋后,在微生物以及其他物理、化学作用下,污泥中的可生物降解物质逐渐被分解转化,产生渗滤液,释放出填埋气等,随着时间推移最终达到稳定化。

## 4.1 生物反应器型污泥填埋场

### 4.1.1 生物反应器的研究与发展

生物反应器技术首先应用于垃圾填埋场填埋过程中,由于垃圾成分复杂,物理、化学和生物特性差异大,以及垃圾填埋场结构设计上存在的问题,无法为微生物提供适宜的生长条件,垃圾的生物降解过程因而受到限制,因此,传统的卫生填埋场除了占地面积大之外,还有降解过程缓慢、稳定化时间长、降解不完全、产气率低、渗滤液成分复杂,且难以处理等特点。

为了解决这些问题,20 世纪 70 年代,美国率先开展了生物反应器型填埋技术(Bioreactor Landfill,简称 BL)的研究。此后,英国、加拿大、澳大利亚、德国、丹麦、意大利、瑞典和日本等相继开始了生物反应器型填埋场的研究。生物反应器型填埋技术与传统卫生填埋场的本质不同在于其生物降解过程是加以控制的。一个填埋单元就是一个小型的可控生物反应器(bioreactor)。许多这样的填埋单元构成的填埋场就是一个大的生物反应器。它具有生物降解速度快,稳定化时间短,填埋气产气量高、收集完全,一般无需渗滤液处理设施等特点。据美国环境保护署(EPA)估计,若美国有一半的垃圾填埋场应用 BL 技术,则相当于每年可多生产 $3.6 \times 10^7$ 桶石油的能量。

生物反应器型填埋场微生态系统具有较高的稳定性和适应能力,即自我调节能力,其微生物生态系统可通过群体结构的改变以适应新环境。Onay 等人的研究表明,生物反应器型填埋场底部充氧,将填埋场分成缺氧区、厌氧区和好氧区,可使兼性微生物、专性厌氧微生物及好氧微生物在不同区域成为优势种群。何若等人研究认为渗滤液经上流式厌氧污泥床(Upflow Anaerobic Sludge Blanket,UASB)处理后回流,有利于填埋场形成产酸微生物的生长环境,在填埋场主要发生产酸作用。Chugh 等人对新、老填埋区序批式连接研究结果表明,在新填埋区,主要是产氢产乙酸微生物生长繁殖,而在老填埋区,则主要是产甲烷微生物菌群。

污泥的卫生填埋最早始于 20 世纪 60 年代,但是由于污泥填埋对污泥的土力学性质要求较高,需要大面积的场地和大量的运输费用,同时,在污泥管理方面对污泥所含病原菌、重金属和有毒有机物质等理化指标及臭气等感官指标控制的重视程度上还不够高,因此,限制了对污泥的进一步处置利用。

生物反应器型污泥填埋技术为微生物提供了较好的生长环境,微生物的活力增强,污泥的降解量和降解速率得到了明显的提高。与常规无控制的卫生填埋方法相比,生物反应器型填埋场具有较好的动力学特性,包括可获得较高的填埋气产量和甲烷含量,消纳能力和使用寿命增加,渗滤液稳定快,甚至无需渗滤液处理设施等。

近年来,污泥填埋场生物降解和资源恢复功能受到了越来越多的重视。生物反应器型污泥填埋技术代表了这方面的最新发展,它通过独特的设计和合适的控制,把污泥填埋场变成了生物反应器,可明显提高填埋污泥的生物降解速率和效率,提高污泥的资源化、无害化水平。我国的污泥处理需要引进新的技术,因此,有必要结合我国污泥组成的特点,对该技术进行进一步的研究,并最终达到实际应用的目的。

### 4.1.2　生物反应器的结构特点

垃圾生物反应器型填埋场是垃圾降解微生物以及填埋垃圾在一系列物理、化学及生物作用下释放出的污染物质——渗滤液和填埋气的统一体。在生物反应器型填埋场系统中,垃圾及其填埋二次污染物的处理结合在一起,其工艺流程如图4-1所示。与传统的卫生填埋场不同,生物反应器型填埋场增加了渗滤液回流和水分调节系统及优化回流渗滤液系统。

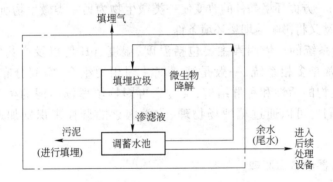

图4-1　生物反应器型填埋场流程

朱英对上海老港填埋场内一座规模为1800 t的生物反应器型填埋单元进行研究的实验装置如图4-2所示。填埋污泥全部来源于填埋白龙港污水处理厂污泥。填埋单元上部和下部截面积分别为1024 m²(32 m×32 m)和100 m²(10 m×10 m);单元总高度为6 m,边上有三层阶梯状边坡将高度平分为三层。填埋过程中,在每层之间铺设三维复合土工排水网来加速污泥的排水;底部和边坡严格按照填埋场防渗设计来进行建设。

### 4.1.3　生物反应器的技术要求

填埋场污泥的稳定化过程实质上是一个复杂的微生物作用过程演替,由于填埋时间对污泥固有的微生物存在不同的定向作用,因此,不同年龄和稳定化的填埋污泥层有着不同的优势微生物群。在填埋场生态系统中,其主要输入项为污泥和水,主要输出项为渗滤液和填

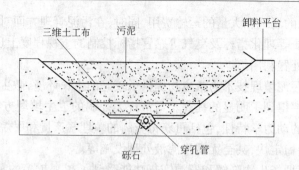

图 4-2　污泥填埋单元示意图

埋气体,两者的产生是填埋场内一系列物理和化学过程共同作用的结果。

污染物质转化为甲烷和二氧化碳需要三大类细菌的协同作用,即厌氧水解细菌、产氢产乙酸菌和产甲烷菌。水解细菌将复杂的或者颗粒态的污染物质通过水解转化成为简单的脂肪酸;而产氢产乙酸细菌将溶解性的脂肪酸转化为乙酸,同时释放出氢气,产甲烷菌利用氢气和二氧化碳或将乙酸转化为甲烷。上述不同类型的微生物积聚在一起,分工协作形成了生物反应器型填埋场的微生物生态系统。

生物反应器型填埋场微生态系统与其他生态系统一样,具有一定的稳定性和适应能力,即自我调节能力,微生物生态系统通过改变群体结构以适应新环境。微生态系统的这种适应是由环境因素和生物因素决定的。在一定条件下,环境因素或生物因素两者之一可能占主导作用。因此,一方面环境条件的改变使一类微生物为另一类微生物所取代;另一方面,微生物的代谢活动又将影响填埋场环境条件。

影响微生物系统的环境因素主要包括温度、湿度、pH 值以及产物的积累等。在填埋场中,介质常常是多相系统,一般是液-气-固相的组合,空间分布不均匀,所有这些都会影响微生物的活性和种群结构,反过来再影响填埋场污泥的生物降解及稳定化过程。因此,人们也可以通过填埋场物理、化学因素的调控来识别加速填埋场污泥降解的目的。

### 4.1.4　生物反应器的基本原理

#### 4.1.4.1　生物反应器对有机污染物的净化机理

污泥较高的含水率不仅提高了生物反应器型填埋场的湿度,还增加了有机物和微生物的量,若再配合营养添加和 pH 值调节等操作,就完全可以创造一个适合厌氧微生物生长繁殖的环境,在此环境中易降解和中等易降解的有机组分以及渗滤液中的有机组分在微生物作用下迅速发生水解、酸发酵和甲烷化等反应,从而在比传统填埋场短得多的时间内,填埋场内污泥中的有机污染物得到有效去除。

#### 4.1.4.2　生物反应器对重金属的阻滞机理

生物反应器型填埋场对重金属的阻滞受渗滤液性质的影响。早期填埋场处于产酸阶段,渗滤液 pH 值一般较低,许多金属离子都能迁移,此时渗滤液更具危害性。随着产甲烷阶段的快速形成,填埋场的氧化还原电位($E_h$)迅速降低,处于还原条件下的低 $E_h$ 促使微生物将渗滤液中的 $SO_4^{2-}$ 还原成 $S^{2-}$,使众多金属离子形成极难溶的硫化物沉淀。此时,填埋场迅速向中性或弱碱性转化,这也有利于金属离子形成碳酸盐沉淀和氢氧化物沉淀,而垃圾在降解过程中生成的大分子类腐殖质也易与重金属离子形成稳定的螯合物。形成沉淀和螯合物后,重金属得以大量滞留,渗滤液中的铁、镍、镉、锌、铅等的浓度降至极低的水平。

### 4.1.4.3 生物反应器对有毒有机物的去除机理

生物反应器型填埋场通过微生物代谢作用延长了渗滤液在场内的水力停留时间,使微生物与有毒有机物、必需营养物能保持连续的接触,强化了专性微生物的同化作用及其对有毒有机物的生物转化、去除过程。

## 4.2 污泥填埋场稳定化进程

城市污泥(主要是生活污泥)的主要成分非常复杂,包括固体颗粒及水分组成,其中的固体颗粒主要是凝结的絮状物,是由微生物形成的菌胶团及其吸附的有机物、重金属元素等组成的综合固体物质。可降解的污泥完全降解后,其物理性质将发生质的变化,此时填埋场所产生的渗滤液和气体非常少,污泥沉降速度也非常小,以致可忽略不计,也就是说填埋场沉降变化很小,通常称这种场地已稳定化。稳定化的填埋场可以成为新的填埋场,这样可免除重新征地,并可利用原来的设施、设备和条件,既可节约建场基建投资,又可节省相应的配套资金。

污泥稳定主要体现在生化稳定上,即污泥中有机成分在降解稳定时,填埋产气停止,渗滤液中有机物浓度较低,污泥体沉降也极小,也即达到了结构稳定状态;此时,除部分难降解有机物外,其余已基本腐化成为较为稳定的类土壤物质,其有机成分含量基本和土壤一致;渗滤液水质达到排放标准后,可直接排放到相应的环境水体中。

稳定化填埋场的利用有两种:一是利用已稳定化了的或进行稳定化处理的老填埋场所作为继续填埋生活垃圾、污泥和炉渣等物质的填埋场,从而节约建设新填埋场所需的大量资金;二是把稳定了的填埋场进行规划开发,经安全防范处理后,用于建设公园,种植经济树木等。未稳定化的填埋场,不仅填埋场表面不断下沉,而且在其稳定化过程中将产生大量的填埋气和渗滤液,如不作处理,对附近公众健康和周围环境产生的危害能持续几十年甚至上百年。

### 4.2.1 污泥稳定化过程的研究

污泥在生物反应器型填埋场内主要是一个厌氧降解的过程,不断发生着降解、转化、矿化和腐殖化等各种物理、化学以及生物的变化。

#### 4.2.1.1 污泥稳定化过程中容重、比重和孔隙度的变化

污泥的容重、比重和孔隙度是污泥重要的物理特性指标。污泥在生物反应器型填埋过程中,根据污泥的容重和比重可直接计算污泥的孔隙度,公式如下:孔隙度 = 1 − 污泥容重/污泥比重。不同填埋时期污泥的容重、比重和孔隙度见表4-1。

**表4-1 不同填埋时期污泥的容重、比重和孔隙度**

| 填埋时间 | 初填污泥 | 220天 | 450天 | 松紧程度较适合的土壤 |
|---|---|---|---|---|
| 容重/g·cm⁻³ | 0.83 | 0.84 | 0.85 | 1.14~1.26 |
| 比重/g·cm⁻³ | 1.65 | 1.75 | 1.82 | 2.60~2.70 |
| 孔隙度/% | 49.7 | 52.0 | 53.3 | 52.0~56.0 |

随着填埋时间的增加,污泥的容重、比重和孔隙度都有不同程度的增加。污泥容重的大小反映了污泥的结构状况,预示着污泥内部水分和气体的运行与存在状态。因初始污泥的含水率较高,随着填埋过程的进行,含水率不断降低,从而使得单位容积所含固体污泥的量逐渐增加,但各时期污泥的容重都小于土壤的容重,主要是污泥较高的含水率所致。

污泥比重是由污泥固相部分的性质决定的,与固相部分的物质组成有关。填埋过程中有机物的不断降解转化导致了单位质量污泥所含的有机物不断减少而无机矿物不断增加,而无机矿物的比重要大于有机物的比重,从而使污泥总的比重呈现随时间增加的趋势,但较高的有机物含量使得各时期污泥的比重与土壤比重存在着较大的差距。

污泥孔隙度可反映污泥的孔隙状况及其通气透水性。初始污泥的孔隙度较小,填埋稳定化过程中,随着水分的不断排出,有机物的降解转化,污泥的孔隙度也呈现增加的趋势,最终经一定填埋时间后污泥的孔隙度即与土壤的孔隙度相当。当矿化污泥资源化利用于土壤改良剂时,适宜的孔隙度有利于土壤的保水性和通气透水性,有利于植物根系的发育。

### 4.2.1.2　污泥稳定化过程中 pH 值的变化

pH 值是厌氧微生物代谢过程中的重要参数,厌氧体系中,大多数微生物群显示出其最佳的 pH 值在 6.6~7.8 之间,若小于 5.0 或大于 8.5,多数微生物的生长将受到抑制。由图4-3 看出,在填埋初期,产酸细菌使有机物水解,产生有机酸,使系统 pH 值降低。随着填埋时间的增加,含氮有机物降解释放的氨基导致污泥 pH 值呈现逐渐增加的趋势,最终趋于稳定。

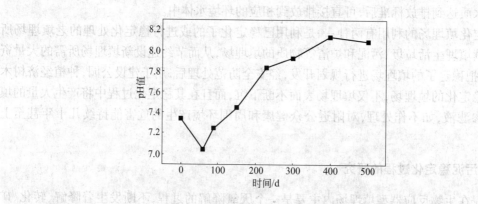

图 4-3　污泥 pH 值随填埋时间的变化

### 4.2.1.3　污泥 VM 和 TOC 含量随填埋时间的变化

VM 和 TOC 含量随填埋时间的变化见图 4-4。总体来看,污泥在填埋前 100 天时间内降解速度较后期快,VM 和 TOC 含量随时间的变化趋势基本一致,分别从填埋初期的44.7% 和 23.5% 降到 700 天时的 24.2% 和 13.5%。

### 4.2.1.4　污泥 TN、TP、TK 含量随填埋时间的变化

TN、TP、TK 含量随填埋时间的变化见图 4-5。因填埋过程中这三种元素的溶解性物质会随着渗滤液不断排出,因此,TN、TP、TK 含量随填埋时间都呈逐渐降低的趋势,尤其以氮元素减少量最多,从填埋初期的 3.6% 降到填埋 500 天时的 2.4%。虽然三种元素含量随填埋时间不断降低,但由于其初始本底含量相对较高,所以即使在填埋 500 天时仍高于一般土壤中这三种元素的含量。

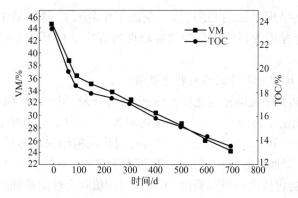

图 4-4 污泥 VM 和 TOC 含量随填埋时间的变化

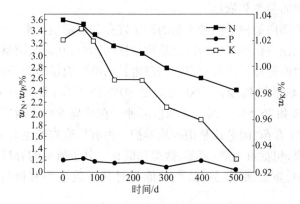

图 4-5 污泥 TN、TP、TK 含量随填埋时间的变化

因此,矿化污泥中较高含量的氮、磷、钾有利于矿化污泥作为土壤改良剂或园林绿化用土。另外,因 TN、TP 和 TK 是微生物进行新陈代谢所必需的营养物质,对微生物自身进行生理生化作用、转化污染物能力具有重要作用。当矿化污泥用作污水处理基质时,能提供良好的吸附交换环境和微生物生存条件。

### 4.2.1.5 污泥脱氢酶活性随填埋时间的变化

脱氢酶是存在于活的微生物体内的胞内酶,参与从有机物到分子氧化的电子得失的整个过程。生物体的脱氢酶活性在很大程度上反映了生物体的活性,可以反映处理体系中活性微生物量及其对有机物的降解活性。不同填埋时间污泥的脱氢酶活性见图 4-6。在填埋

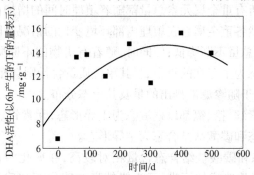

图 4-6 污泥脱氢酶活性随填埋时间的变化

过程中,脱氢酶活性呈现增加的趋势,从而反映了生物反应器体系中活性微生物的量也不断地增加,这可能是因为污泥中微生物在填埋过程中适应环境不断增殖而使其量不断增加。

#### 4.2.1.6　不同填埋时期污泥的植物毒性研究

填埋场污泥在达到一定的稳定化程度后,可进行开采,用于园林绿化用土或者土壤改良剂,而上海市已经规定了污泥应用于园林绿化的各项技术要求,其中包括污泥的腐熟度要求,如发芽指数不小于70%,可以直接用于育苗、园艺或精细绿地养护;发芽指数在30% ~ 70%之间,可以用于绿地粗放养护;发芽指数不大于30%,不提倡使用。因此,有必要对填埋过程中污泥的植物毒性进行跟踪测试,了解污泥的植物毒性随填埋时间的发展变化,从而确定污泥能够满足园林绿化等资源化利用途径的必要的填埋稳定化时间,为矿化污泥的安全合理应用提供重要的参考和依据。

朱英以大麦种子和白菜种子两种类型的种子发芽和根部生长来研究上海老港填埋场生物反应器型填埋单元稳定化过程中污泥对植物毒性的影响,其研究结果表明,稳定化程度最低的污泥的提取液对两种种子的发芽率和根部生长的抑制效果最大,随填埋时间增加,大麦和白菜种子的发芽率增加到填埋500天时的90%和95%;发芽指数分别从13.8%和18.7%增加到71.6%和76.5%。对大麦和白菜种子在填埋500天时发芽指数都超过70%的污泥,可以直接用于育苗、园艺或精细绿地养护。因有机废物产生的植物毒性效应是几个因素综合作用的结果,包括重金属、氨氮、盐类和低相对分子质量的有机酸等,由此说明了矿化程度较低的污泥中,重金属、氨氮、盐类和低相对分子质量的有机酸等较强的植物毒性效应。

虽然污泥提取液对种子发芽率和根部生长都有明显的抑制作用,但对根部生长的抑制效果比对种子发芽的抑制要更加明显,因此,在进行植物毒性的生物评价时,种子发芽实验比根部延长的实验灵敏度低。

#### 4.2.1.7　污泥重金属总量及形态分布随填埋时间的变化

重金属是城市污水处理厂污泥中含有的主要的有毒物质之一,较高含量的重金属往往成为污泥资源化利用的重要限制因素,因此,对填埋场污泥的重金属进行跟踪研究就显得尤为重要。

研究表明,锌、镍、铜的总量随着填埋时间变化并无明显的变化规律,Pb 的总量随着填埋时间有少量的增加,元素铬总量呈增加趋势,元素镉、汞的总量呈现降低的趋势。

总体来讲,并不是所有重金属元素总量都随着填埋时间的增加而呈现减少的趋势,这是因为在填埋过程中,虽然各重金属会在填埋内部环境变化的情况下随着渗滤液不断排出,使填埋单元内部各重金属总量不断降低;但同时,随着有机物的不断降解,单位质量的无机物质不断增加,以无机形态为主存在的重金属,其单位质量含量则会相应增加,因此,单位质量的各重金属含量要取决于随渗滤液排出的量及其形态分布。

同时,结果表明元素锌、铅、镉都以残渣态为主导形态;元素铬、铜都以硫化态为主导形态;而元素镍以可交换态和碳酸盐结合态为主导形态。

元素锌的可交换态和碳酸盐结合态含量相对较高,在矿化污泥资源化利用时应注意这两种形态发生迁移释放造成的污染;元素铅较高的硫化态和残渣态分配比例表明了元素铅的不断稳定化;元素镉的可交换态和碳酸盐结合态所占比例从填埋初期的37%降到后来的19%,生物有效性不断降低;元素镍相对较高含量的可交换态和碳酸盐结合态可成为矿化污泥资源化利用的重要限制因素,但在填埋过程中,该结合态会随着渗滤液排出而不断减少,可大大减少污泥资源化利用过程中的危害;元素铬较稳定的残渣态和硫化态两种形态所占比例超过80%,这保证了矿化污泥资源化利用过程中元素铬较低的污染危害;对元素铜来讲,应注意较高含量的有机态在矿化污泥资源化利用时引起的生物富集及迁移转化。

### 4.2.2 不同性质污泥在填埋场中稳定化过程的研究

填埋场可以看成是一个巨大的生物反应器,污泥被填埋后,在微生物以及其他物理、化学作用下,污泥逐渐被分解转化,产生渗滤液,释放出填埋气等,并最终达到稳定化,稳定化的污泥称为矿化污泥。通过对污泥固体的指标分析,研究具有代表性的生物污泥、化学污泥和改性污泥等不同性质污泥填埋稳定化过程的发展变化规律,以期为矿化污泥的开采和利用提供参考依据和技术支持。

张华通过对上海白云港污水处理厂污泥及曲阳污水处理厂污泥两种不同性质污泥的各项固相指标对照研究,发现污泥的降解可分为四个阶段。

污泥填埋后最初一段时间,大约2~3周,因水解酸化,此阶段污泥降解速度非常快。随着有机物水解酸化的产物积累,污泥进入降解速度极慢的振荡调整期。酸化产物被产氢产乙酸菌逐渐分解利用,产物只是形式发生变化,总量变化很小,微生物同时进行着种群的演替,污泥总体看上去降解率提高很慢。此阶段污泥的有机质和生物可降解物(BDM)剧烈振荡,表明了物质可生化性的快速转化。随着外界温度的回升,污泥进入持续时间较长、降解速度较快、降解幅度较大的阶段。

随着降解产物的积累,可降解物质的减少,原来的微生物生长受到抑制,适宜生长的微生物种群开始增殖,进入微生物种群演替与污泥降解同时进行的缓慢降解期。微生物增殖引起脂肪和蛋白质等菌体成分含量的回升,使污泥有机质回升到一个小峰值,之后又开始下降,表明微生物又开始快速降解有机质,但持续时间不长,又转以微生物的增殖为主。

由于降解产物的不断转化,适宜生长的微生物种群也在不断地进行着更替。污泥有机质在这种波浪式起伏的数个增殖—降解过程中不断发生矿化。微生物的增殖速度较慢,降解比增殖快。随着可降解有机质的不断减少,调整期的历时越来越长,随后降解速度越来越慢,BDM值趋于平稳,污泥逐渐进入腐熟期。

由于污泥的性质差别,各个时期持续时间长短不同。对于有机质含量很高的纯污泥,由于酸化产物积累严重,酸化抑制调整期就很长,曲阳污泥可达100天,在此后的200天内,污泥进入了持续时间较长、降解速度较快的阶段,自第316天开始到第622天的306天内,污泥进入增值—降解交替为主的缓慢降解期,污泥逐渐进入腐熟期。

白龙港污泥开始几天降解幅度很小,很快进入增殖期,17天起降解较快,但很快又进入40天的增殖期,之后是25天的快速降解,之后是124天的低温缓慢降解期,206天后气温回升,降解开始加快,历时156天,之后进入低温缓慢降解期,温度回升后有增殖现象。整个实验期间,白龙港污泥的降解和微生物的增殖幅度都比较小。

曲阳污泥+矿化垃圾,填埋初期的快速降解期持续时间为26天,降解幅度比曲阳污泥的大。从26天开始进入历时较短(11天)的快速调整期,适宜微生物增殖后紧接着25天内表现出有机质的快速降解,之后又开始为期51天的新种群优势微生物的增殖,紧接着又是为期14天的有机质的降解,但速度减慢。之后随着气温降低,微生物活动受到明显限制。当冬季过去,气温回升时,微生物的增殖开始明显,第264～464天,有机质矿化过程明显较快。被降解的相当一部分是前期增殖的死亡微生物,也就是这个阶段以微生物的内源代谢为主。400天后可降解度变化很小,污泥开始进入缓慢降解期。

通过降解过程的分析,可以看出改性剂矿化垃圾的作用所在。它可以加快填埋初期污泥的降解,减轻污泥水解酸化产物的积累对产甲烷菌的抑制作用,缩短优势微生物增殖期。其具体原因为:纯生物污泥的有机质含量高,酸化速度快,而纯污泥的渗透性很差,代谢产物不能及时流出,导致产物不断积累,pH值下降,抑制了产甲烷菌的活动,因此出现了初期快速降解两周后即进入停滞调整期。

矿化垃圾等改性剂一般呈碱性,与污泥混合不但可稀释污泥,而且还可以吸附和中和污泥菌体有机质酸化产物,当水解产物被微生物利用而浓度较低时,矿化垃圾内吸附的污染物就可在浓度差的作用下扩散或解吸出来,继续被微生物利用,从而起到贮存、调节、缓释中间产物的作用。另外,矿化垃圾的渗透性好,雨水进入后产生的渗滤液流出去的多,污泥水解产物和微生物代谢产物可较快地流走,减轻了产物积累程度。

## 4.3  污泥填埋场腐殖化进程

污泥在厌氧条件下稳定化的过程中同时存在两个过程,这两个过程都是在微生物作用下进行的生物化学过程。一个是复杂的有机物质被微生物分解为简单的化合物,最终形成甲烷、水、二氧化碳、氨和无机盐类,称为有机质的矿化过程;另一个是有机质在矿化过程中形成的中间产物,如芳香族化合物、氨基酸、多肽、糖类物质等等,在微生物的作用下,重新合成为复杂的腐殖质,这一过程称为腐殖化过程。矿质化与腐殖化是污泥生物转化过程中既统一又对立的两个方面,在一定条件下相互转化,在这个稳定化过程后期形成的腐熟或稳定化产品,即为"矿化污泥"。这种腐熟污泥同堆肥产品类似,可以改善土壤结构,提高土壤有机质含量,促进植物生长。

### 4.3.1  腐殖质的组成

腐殖质是有机质在微生物作用下形成的复杂大分子有机化合物,具有很高的稳定性。腐殖质大多数以金属盐的形式存在,主要成分为腐殖酸,根据其在酸碱溶液中的溶解度可分为胡敏酸(HA)、富里酸(FA)和胡敏素三部分,主要成分为前两者。腐殖质是一种特殊的有机物,不属于有机化学中现有的任何一类,其约占有机质总量的50%～65%,腐殖质的化学和生物稳定性很强,因而分解周期较长,其中,富里酸的平均停留时间可达200～630年,而胡敏酸的平均停留时间可达780～3000年。腐殖质通常带有电荷,具有较强的吸收、缓冲性能,对污泥的理化性质和生物学性质有重要的影响。腐殖质胶体中有多种能解离的官能团,这些官能团可与重金属离子等形成配合物或螯合物,增加其水溶性,使之随水迁移、吸附或固定以减轻其危害。因此,提高污泥腐殖质的含量既能减轻污染危害,又可以增强污泥的自净能力。

### 4.3.2 腐殖质的形成

在填埋过程中,微生物直接利用填料中的可溶性糖类、脂类和蛋白质类等易降解有机成分,通过氧化、还原和生物合成过程,把一部分被吸收的有机物氧化成简单的无机物。通过添加木质素和纤维素等难降解有机质作为一种天然的改性剂,对稳定的腐殖质的生成具有非常重要的作用。一般认为腐殖质的生成有两个途径:一是在微生物作用下,木质素的侧链氧化生成木质素类衍生物,构成了腐殖质的核心和骨架,这是腐殖质形成的重要途径之一;二是由微生物代谢后的单体聚合而成。黄红丽研究发现,栗褐链霉菌在一定程度上使木质素结构发生改性,产生相对分子质量相对较大的胡敏酸,而后转化为结构相对简单的富里酸,而黄孢原毛平革菌首先将木质素转化成相对分子质量相对较小的富里酸或直接被分解为 $CO_2$,进而富里酸转化为胡敏酸。

腐殖质形成的最重要的特性就是使有机残体和腐殖质本身变化更为稳定,它的化合物可以在土壤中存在几百年甚至几千年。这就防止了有机物质在一个生长季节内就被全部分解和矿化。因此,稳定化的矿化污泥用作土壤改良剂或园林绿化时,矿化污泥中的营养元素得以在土壤中保存,并且源源不断地输送给生物循环中的一级生产者——绿色植物。污泥中的腐殖质物理功能是能改良土壤的结构,从而有利于耕作、通气以及促进水分的运动和保持;其化学功能是能够与金属、金属氧化物、氢氧化物及黏土矿物反应生成金属 – 有机配合物,并能够作为离子交换剂和氮、磷、硫的储积库;它的生物功能是能为固氮菌提供作为能源的碳,促进植物生长和发根,提高作物产量和摄取营养、促进合成叶绿素和种子发芽。另外,有报道称,腐殖质能够刺激与细胞新陈代谢有关的各种生理和生化过程,并可减轻重金属及有毒有机物的毒性。

### 4.3.3 腐殖质存在的作用

腐殖质能够改良土壤,对发展高产农业、有机农业有着重要作用。在农业实践中,许多腐殖质被用作肥料,也有些商业性腐殖质用作植物激素和畜牧业饲料添加剂。腐殖质表现出的生物活性长期以来一直被土壤化学家、植物生理学家、环境科学家广泛关注。许多研究和综述评论文章报道了腐殖质对植物生长的促进作用以及对植物生理的影响;也有关于腐殖质应用于畜牧业的报道,其中土耳其安卡拉大学 Seher Kucukersan 教授研究发现腐殖酸有助于畜禽的生长和健康。

腐殖酸可以作为调节剂改善土壤,作为生物催化剂和生物刺激剂促进植物生长或保护植物能在不利环境下生长;腐殖酸能加强植物生长(生物量增长)和提高土壤肥力;其另一个好处是它的长期有效性,因为它不会像有机肥那样迅速消耗。

当前的科学研究表明,土壤的肥力很大程度上依赖于土壤中腐殖酸的含量。腐殖酸有高离子交换容量,其最重要的特点在于它们能吸纳金属离子、氧化物和氢氧化物,并在植物需要时慢慢地连续地释放出来。

目前关于腐殖质和重金属作用机理的研究已经较为透彻。水溶态腐殖质和重金属离子的作用主要是配合反应,固相腐殖质主要和重金属离子发生吸附反应,同时吸附又分为物理吸附和化学吸附两大类。物理吸附由于是通过静电力作用,吸附作用强度较低,易与其他金属离子,如 $Ca^{2+}$、$Mg^{2+}$ 等发生离子交换作用而解吸。化学吸附主要是重金属离子和腐殖质配位基团发生配合反应,形成配位键,因此,其吸附的选择性和稳定性都较强。

有关腐殖质对重金属的吸附和固定作用,报道较多的是河流底泥、生活垃圾或污染土壤中的研究。冯素萍等人通过研究河流底泥的自净作用发现,由于底泥中有机质对铜、铅、锌、铬、锰的吸附固定作用,使受到重金属污染的河流上覆水中污染物含量降到接近本底值。长江河口沉积物中有机物和水合氧化铁对重金属有重要的控制作用,而进一步研究发现,从沉积物中提取的腐殖质能迅速有效地富集重金属铅、铜和镉。

重金属配合物的水溶性决定了被配合重金属的迁移性,进而影响到重金属的生物有效性。一方面,固相的相对分子质量较大的腐殖质能吸附固定重金属,降低其迁移性和有效性。Clemente 等人采用从畜禽粪便堆肥及泥炭中提取的腐殖质,均能显著地将酸性土壤中锌和铅钝化。O'Dell 等人发现,联合施用堆肥和化肥在尾矿土壤上获得了最大的作物产量,而单独施用化肥则对产量提高没有任何效果,原因是堆肥中大量的腐殖酸具有很强的固定铜和锌的能力,降低了污染土壤中铜和锌的植物有效性,显示出堆肥腐殖质对土壤重金属的吸附固定作用。上海封场 6~8 年的老港垃圾填埋场中的铜主要以有机态存在(约60%~80%),进入填埋场的铜被腐殖质固定后对植物生长的影响大大降低,腐殖质同时固定了部分铬和镍,降低了它们在环境中的可迁移性。另一方面,水溶性的相对分子质量较小的腐殖质将提高重金属的迁移性和有效性。Evangelou 等人报道,在实验室条件下,腐殖酸和土壤中的镉形成可溶的配合物,促进了作物对镉的吸收。Mench 和 Rutterns 等人也发现施入富含腐殖质的堆肥后,重金属污染土壤中铜、铅和砷的淋溶量有不同程度的增加。Garcia – Mina 认为,腐殖酸中发生离子化的酸性官能团数量与其相对分子质量的比例越大,与铜、锌等重金属形成配合物的水溶性也越大。

另外,pH 值亦是影响配合物稳定性的重要因素。由于羧基、酚羟基等酸性官能团在不同 pH 值条件下的电离度不同,因此,参与键合的腐殖质基团也不相同。在中性条件下,羧基的配合起主要作用,而在碱性条件下,则是羧基和酚羟基共同作用,同时,在酸性条件下,$H^+$ 与金属离子一起竞争配位体的吸附位点,这样会降低金属离子腐殖酸配合的稳定常数。因此,在碱性条件下,腐殖质的键合能力及配合物稳定常数较大。从上面分析可以看出,如何通过控制填埋条件,选择合适的有机质原料,控制填料的 pH 值等条件,使得填埋腐殖化过程向生成更稳定的固相腐殖质方向进行,是利用腐殖质控制填埋重金属有效性所需研究的一个重点。

### 4.3.4　污泥腐殖化进程的研究

#### 4.3.4.1　污泥腐殖质总量随填埋时间的变化

朱英通过对污泥腐殖质含量随填埋时间的变化(如图 4-7 所示)发现,胡敏酸(HA)和富里酸(FA)含量分别从填埋初期的 4.2% 和 2.7% 增加到填埋 400 天时的 5.6% 和 3.1%,腐殖质总量则相应的从 6.9% 增加到 8.7%,即污泥填埋稳定的过程也是腐殖质不断形成的过程。

图4-8 表明,挥发性有机物占污泥干物质的比例不断降低,而腐殖质占污泥干物质的比例不断增加,因此,挥发性有机物中可提取的腐殖酸含量随填埋时间的增加呈增加趋势,腐殖酸占挥发性有机物的比例从填埋初期的 15.4% 增加到填埋 400 天时的 28.7%,这表明在填埋过程中发生了从可降解有机物向稳定的腐殖化有机物的转变。

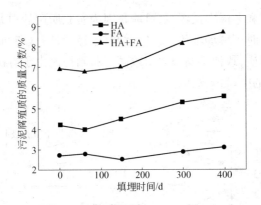

图4-7 生物反应器型填埋场污泥腐殖质含量随填埋时间的变化

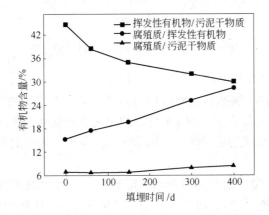

图4-8 生物反应器型填埋场污泥挥发性有机物和腐殖质含量随填埋时间的变化

张华对上海曲阳污水处理厂、白龙港污水处理厂及老港填埋场中试三种不同性质填埋污泥腐殖质含量,研究表明,不同性质污泥的腐殖质,其含量随时间基本呈下降趋势,或后期保持平稳。随着污泥不断降解,腐殖质不断生成。随着微生物种群的演替,前期生成的腐殖质又不断被降解,直到后期腐殖质越来越稳定。四种污泥的腐殖质总量大小顺序是曲阳污泥+矿化垃圾>曲阳污泥>白龙港污泥>老港中试污泥,HA含量的高低顺序是曲阳污泥>曲阳污泥+矿化垃圾>白龙港污泥>老港中试污泥。

#### 4.3.4.2 污泥腐殖化率随填埋时间的变化

腐殖化率HR是污泥腐殖质TOC占污泥TOC的百分含量,即腐殖质占有机质的百分含量。

图4-9所示为四类污泥腐殖化率随时间的变化。从图4-9可以看出,老港中试污泥腐殖化率100天前下降,100天后趋于平稳。另外三种污泥的腐殖化率在前期上升,在96天或127天达到最大,之后下降,随后又有起伏。通过始末值比较发现,曲阳污泥腐殖化率增大,老港中试污泥的污泥腐殖化率减小,白龙港污泥和曲阳污泥+矿化垃圾的污泥腐殖化率变化很小。

就污泥的腐殖化率而言,曲阳污泥+矿化垃圾>白龙港污泥>曲阳污泥>老港中试污泥。曲阳污泥+矿化垃圾的腐殖化率为40%,高于其他三类污泥,原因是矿化垃圾是在老港填埋场经过10年自然降解而基本达到稳定化的垃圾,存在着大量的腐殖质。白龙港污泥腐殖化率大于曲阳污泥和老港中试污泥,可能是因为实验所用的白龙港污泥并非新鲜污泥,而是在试验前已经在临时填埋场堆放了一段时间,已经历过一段时间的降解,其有机质已经有相当部分转化成腐殖质,致使其腐殖化率较高。曲阳污泥由于有机质含量高,腐殖化过程快,使腐殖化率大于老港中试污泥。

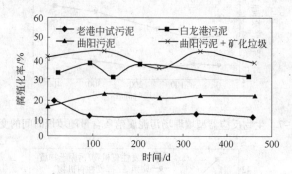

图 4-9　四类污泥腐殖化率随时间的变化

### 4.3.4.3　污泥腐殖化指数随填埋时间的变化

污泥在腐殖化过程中,腐殖质主要由 FA 和 HA 组成。如果说腐殖化率代表了腐殖质在总有机质中的量的大小,那么 HA 和 FA 含量的相对比例大小(腐殖化指数 $HI = w(HA)/w(FA)$)则可以表明腐殖质的品质优劣。HI 值越大,表明胡敏酸的量相对于富里酸的量越大,腐殖质的品质越好。

老港中试污泥的腐殖化指数随时间呈下降趋势。曲阳污泥和曲阳污泥 + 矿化垃圾的 HI 在前期和中期波动稍大,到后期趋于平稳。曲阳污泥 HI 从初始的 1.44 增大到后期的 1.77,白龙港污泥前期逐渐上升,200 天后下降。其 HI 始末值差别很小。四种污泥的 HI 大小顺序是曲阳污泥 > 曲阳污泥 + 矿化垃圾 > 老港中试污泥 > 白龙港污泥(如图 4-10 所示)。

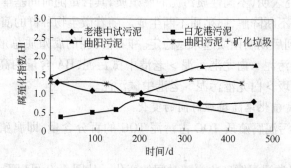

图 4-10　四类污泥腐殖化指数随时间的变化

分析四种污泥在实验后期的腐殖化指数 HI 与其初始有机质含量 TOC 的关系,发现两者呈线性正相关,$HI = 0.0833TOC - 0.6964$,$R^2 = 0.8791$。即初始有机质含量越高的污泥,腐殖化作用越强,腐殖化程度越深,形成的腐殖质品质越好。

四种腐殖化指数的大小顺序与腐殖化率的大小顺序不一致,说明了腐殖质的数量和质量上的不统一。白龙港污泥的腐殖化率较高,达 30%,仅次于矿化垃圾 + 曲阳污泥的混合物,且明显高于同是化学污泥但不同批次的老港现场中试污泥,后者腐殖化率仅为 10%,但白龙港污泥的腐殖化指数却低于老港现场中试污泥。其原因在于两者腐殖质的组分的比例,比较两者的 HA 和 FA 含量及其总量,如图 4-11 所示,可见白龙港污泥的 HA 和 FA 含量及其总量都明显高于老港现场中试污泥,但白龙港污泥的 HA 含量低于 FA 含量,而老港现场中试污泥的 FA 与 HA 含量相当,两者的比例 HI 值则是白龙港污泥的较小,这说明白龙港污泥虽然很早就进入了腐殖化阶段,但其腐殖化程度并不高,生成的腐殖质的稳定性不高。

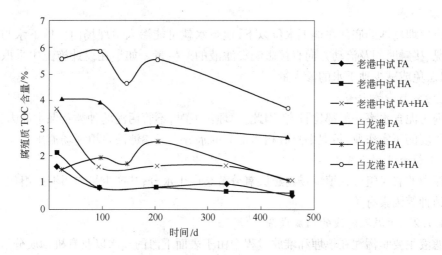

图 4-11 老港中试污泥与白龙港污泥的腐殖质组分比较

HI 反映了腐殖质品质的好坏,但不能说明污泥中有机质转化成稳定腐殖质的量,腐殖化率 HR 可表示转化成腐殖质的有机质占总有机质的质量分数,而稳定化的深入进行,不仅要求有机质尽可能多地转化成腐殖质,还要求转化成的腐殖质越稳定越好,因此,HI 和 HR 分别代表着腐殖化的深度和广度,同时使用这两个指标来控制污泥的稳定化程度才更客观更全面。

## 4.4 污泥填埋场渗滤液产生量

### 4.4.1 渗滤液的产生

渗滤液是指生物固体在填埋和堆放过程中由于生物固体中有机物质分解产生的水和所含的游离水、降水以及入渗的地下水,通过淋溶作用形成的污水。渗滤液是一种成分复杂的高浓度有机废水,水质和水量在现场多方面的因素影响下波动很大。

#### 4.4.1.1 渗滤液的来源

A 直接降水

降水是渗滤液的主要来源,其大小直接影响着渗滤液产生量的多少。降水一部分形成地表径流,另一部分则下渗填埋体成为渗滤液。影响渗滤液的降雨特性有降雨量、降雨强度、降雨频率和降雨持续时间等。降雪和渗滤液生成量的关系受降雪量、升华量、融雪量等影响。在积雪地带,还受融雪时间或融雪速度的影响,一般而言,降雪量的十分之一相当于等量的降雨量,确切数字可根据当地的气象资料确定。

B　地表径流

地表径流是指来自场地表面上坡方向的径流水,对渗滤液的产生量有较大的影响。具体数据取决于填埋场地周围的地势、覆土材料的种类及渗透性能、场地的植被及排水设施的完善程度等。

C　地表灌溉

地表灌溉与地面的种植情况和土壤类型有关。

D　地下水

如果填埋场地的底部在地下水位以下,地下水就可能渗入填埋场内。地下水与填料的接触情况、接触时间及流动方向直接影响渗滤液的产生量。如果在设计施工中采取防渗措施,可以避免或减少地下水的渗入量。

E　污泥自身水分

填埋污泥含水率一般都比较高,因此,填埋污泥时,不管污泥的种类及保水能力如何,通过一定程度的压实作业,污泥中总有相当部分的水分变成渗滤液自填埋场流出。

F　有机物降解生成水

污泥中的有机组分在填埋场内经厌氧分解会产生水分,其产生量与污泥的组成、pH 值、温度和菌种等因素有关。

### 4.4.1.2　污泥渗滤液的组成成分

渗滤液主要是污泥在填埋和堆放过程中由于表面下渗的雨水以及有机物质分解产生含有大量悬浮物的高浓度有机或无机污水。其成分主要包括有机物、微量金属元素(含重金属)、常见的一些无机盐类、微生物和固体物质。

填埋场渗滤液的成分主要有以下五类。

A　有机物

渗滤液中有机物常以 TOC、COD 计,酚也可单独计量,一般可分为三类,即低相对分子质量的脂肪酸类、中等相对分子质量的富里酸类物质和腐殖质类高相对分子质量的碳水化合物。渗滤液中除含有常规的污染物质外,还含有包括致癌、促癌和辅助致癌物质。尤其是当污泥和部分工业垃圾混合时,成分更为复杂。

B　微量金属元素

渗滤液中含有多种金属离子,如锰、铬、镍、铅,其浓度与所填埋的污泥类型、组分及时间密切相关。对仅填埋城市生活污水污泥的填埋渗滤液而言,金属离子的浓度通常是比较低的;但对于工业污泥和生活污泥混合填埋的填埋场来说,重金属离子的溶出量将会明显增加。

C　常见的元素和离子

填埋场渗滤液中常见的元素和离子包括氨氮、硝态氮、镉、镁、铁、钠、$NH_3$、$CO_3^{2-}$、$SO_4^{2-}$、$Cl^-$。

填埋场渗滤液中的含磷量通常较低,尤其是溶解性的磷酸盐浓度更低。渗滤液中溶解性磷酸盐主要以 $Ca_5OH(PO_4)_3$ 形式存在。渗滤液中的 $Ca^{2+}$ 浓度和总碱度水平均很高,可分别达到 7200 mg/L 和 2500 mg/L,而总磷 TP 的浓度仅为 0 ~ 125 mg/L。由于目前多采用厌氧填埋技术,因而渗滤液中的 $NH_3 - N$ 浓度在填埋场进入产甲烷阶段后不断上升,并在达到高峰值后延续很长的时间,直至最后封场,甚至当污泥填埋场稳定后仍可达到相当高的浓度(10000 mg/L)。

D　微生物

污泥中含有大量的微生物,它们对污泥的降解起着重要作用。这些微生物一部分是污泥本身含有的;另一部分是由于填埋场条件比较适宜于微生物的生长繁殖,因此,不同种类的微生物在填埋污泥的降解过程中得以大量繁殖生长。渗滤液中微生物的种类与填埋场污泥中所含的微生物种类基本相同,主要含有亚硝化细菌和硝化细菌、反硝化细菌、脱硫杆菌、脱氮硫杆菌、铁细菌、硫酸盐还原菌以及产甲烷菌等七类细菌。

由于污泥的收集、储运以及填埋过程处于无保护的露天状态,因此,地面的微生物、大气中漂浮的微生物都可能进入到污泥中,但其能否在污泥中生长繁殖与其所处的环境密切相关。

E　固体物

渗滤液中含有较高浓度的总溶解性固体。这些溶解性固体在渗滤液中的浓度通常随填埋时间的延长而变化,一般在填埋 6 个月至 2.5 年间达到高峰值(总溶解性盐浓度可高达 10000 mg/L),同时,渗滤液中还含有高浓度的 $Na^+$、$K^+$、$Cl^-$、$SO_4^{2-}$ 等无机类溶解性盐,此后,随填埋时间的增加,这些无机盐类的浓度将逐渐下降,直至达到最终稳定。

## 4.4.2　不同性质污泥渗滤液各项指标随填埋时间的变化

实验可以通过采用模拟填埋柱(如图4-12 所示)研究渗滤液各项指标随污泥填埋时间的变化,模拟填埋柱均采用直径为 0.40 m,高度为 1.30 m 的柱子。各填埋柱底部铺5 ~ 10 cm厚的干净石子,石子粒径在 1 ~ 3 cm 不等,防止污泥阻塞出水口。石子与出水口之间铺一层塑料纱网,以防石子落入出水口。

将上海白龙港化学污泥、上海曲阳污泥以及曲阳污泥与矿化垃圾按10:5 混合均匀的混合物分别装入填埋柱,装填高度为 1 m,不同柱子污泥装填量和装填密度见表4-2。三个柱子皆敞口,接受自然降雨。定期从柱子的下取样口掏取泥样 100 ~ 200 g,在 65℃下烘干,装袋备用。渗滤水从柱子底部的出水口放出,收集在出水瓶中待测。

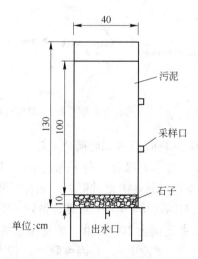

图 4-12　模拟填埋柱示意图

表4-2  实验装置装填状况

| 编号 | 种类 | 性质 | 装置有效尺寸 | 装填物质量/kg | 装填密度/t·m⁻³ |
|------|------|------|------|------|------|
| 1 | 白龙港污泥 | 化学污泥 | 直径为0.4 m,高为1 m,<br>体积为125.6 L | 140 | 1.12 |
| 2 | 曲阳污泥 | 生物污泥 | 直径为0.4 m,高为1 m,<br>体积为125.6 L | 111.35 | 0.89 |
| 3 | 曲阳污泥+矿化垃<br>圾(二者比例为10:5) | 生物污泥+<br>矿化垃圾 | 直径为0.4 m,高为1 m,<br>体积为125.6 L | 117 | 0.93 |

#### 4.4.2.1  渗滤液的水量随填埋时间的变化

白龙港污泥从实验开始就有少量渗滤液流出。前三个月中,1 kg湿污泥自身出水只有4 mL,合1 t湿污泥出水4 L。曲阳污泥+矿化垃圾前36天、曲阳污泥前102天都没有渗滤液流出(如图4-13所示)。说明单靠污泥自身降解过程中存在的液化阶段产生的渗滤液的量是很少的。实验过程中产生的渗滤液,特别是曲阳污泥+矿化垃圾产生的渗滤液,大多是降雨造成的。

白龙港和曲阳污泥的渗滤液累积量基本一致,分别为42 mL/kg和50 mL/kg。曲阳污泥+矿化垃圾混合污泥的渗滤液累积量为340 mL/kg,明显大于白龙港和曲阳污泥。主要原因在于曲阳污泥加入矿化垃圾后渗透性提高,降雨能够通过污泥渗透下来,因而渗滤液累积量大。相反,白龙港和曲阳污泥密实性好,雨水不易透过,渗滤液累积量少。

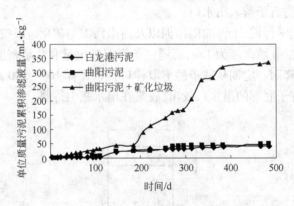

图4-13  不同性质污泥渗滤液累积产量随时间的变化

#### 4.4.2.2  渗滤液中COD和TOC随填埋时间的变化

所有柱子的渗滤液的COD总体上都呈波动下降趋势(如图4-14所示)。说明污泥中的有机物随着填埋时间的增加在不断地溶出并降解。曲阳污泥为生物污泥,生物可降解物和有机质含量高,因此会有大量的污染物溶出,致使渗滤液COD浓度高于白龙港化学污泥;曲阳生物污泥+矿化垃圾(二者比例为10:5)由于矿化垃圾的稀释作用,其渗滤液COD最低。各污泥渗滤液100天起COD浓度上升,是因为降雨量较大,污泥代谢产物被大量洗出所致。这与垃圾填埋场大雨过后形成的渗滤液水质恶化现象类似。

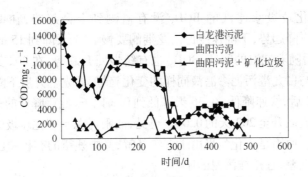

图 4-14 不同性质污泥渗滤液中 COD 随时间的变化

污泥中的总有机碳的变化趋势与 COD 的基本一致(如图 4-15 所示),只是数值上有所不同。

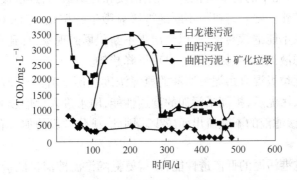

图 4-15 不同性质污泥渗滤液中 TOC 随时间的变化

### 4.4.2.3 渗滤液中 BOD$_5$ 和 BOD$_5$/COD 随时间的变化

渗滤液的 BOD$_5$ 值反映了可生物降解的有机物的含量。BOD$_5$/COD 值反映了渗滤液的可生化性。因 BOD$_5$ 测定困难较大且不易重复实验,仅测出了白龙港污泥和曲阳污泥 + 矿化垃圾的渗滤液的有限的 BOD$_5$ 值(如图 4-16 所示),但仍具有一定参考价值。

白龙港污泥渗滤液的 BOD$_5$ 在前期有上升趋势,在 58 天达到峰值 4540 mg/L,之后很快降低,在 133 天降到 75 mg/L。BOD$_5$/COD 值具有同样的变化趋势,在 47 天升高到峰值 0.61,可生化性很好,之后迅速下降,在 80 天降至 0.3 以下,可生化性差,渗滤液难以生化处理。

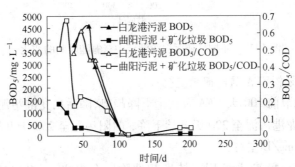

图 4-16 不同性质污泥渗滤液中 BOD$_5$ 和 BOD$_5$/COD 随时间的变化

曲阳污泥 + 矿化垃圾渗滤液的 BOD$_5$ 没有监测到上升趋势,在 17 天时 BOD$_5$ 达到 1305 mg/L,此后呈下降趋势,下降速度比白龙港的要慢。91 天降到 15 mg/L,113 天降低到最低点 8 mg/L,此后随着气温的回升,BOD$_5$ 也有缓慢回升趋势,在 202 天又升至 83 mg/L。BOD$_5$/COD 值具有与白龙港污泥渗滤液同样的变化趋势,即先上升后下降,BOD$_5$/COD 值在 27 天升至峰值 0.67 后,快速降低,在 36 天降低到 0.3 以下,此后降低的速度放慢,113 天降至最低点。之后缓慢回升至 202 天的 0.04。可见,曲阳污泥 + 矿化垃圾的渗滤液在 36 天后可生化性就很差了。原因是矿化垃圾由于多年降解,其中残留的有机物已经较为稳定,形成的渗滤液的可生化性差,且比纯污泥的还差。

### 4.4.2.4　渗滤液中 NH$_4$ – N 随时间的变化

白龙港污泥和曲阳污泥渗滤液氨氮是波动上升的趋势(如图 4-17 所示)。至实验结束时,氨氮浓度分别达到 2000 mg/L 和 3500 mg/L 以上。

在厌氧条件下,污泥中的含氮有机物,如蛋白质和氨基酸等,逐步被分解转化成氨氮,即有机氮的无机化或矿化。随着有机氮不断地被厌氧微生物矿化,渗滤液中的氨氮也逐渐增加。厌氧条件下氨氮不能继续转化,所以会出现不断积累的现象,直到有机氮全部矿化成氨氮。随着氨氮随渗滤液流出,氨氮浓度才出现下降趋势。

曲阳污泥 + 矿化垃圾混合污泥渗滤液的氨氮浓度经历上升后于 271 天开始下降,主要是因为矿化垃圾加入污泥后,提高了污泥的渗透性能,雨水进入后形成的渗滤液可以顺利地流出柱子,氨氮随着渗滤液的不断流出而减少。因此,矿化垃圾的加入有利于污泥中氨氮的浓度降低。

曲阳污泥和白龙港污泥的低渗透性能,使得氨氮随渗滤液流出的量很少,而有机氮又在不断地矿化成氨氮,导致纯污泥的氨氮浓度不断增加。

曲阳污泥是生物污泥,较化学污泥含有更高的有机氮量,故曲阳污泥渗滤液氨氮浓度更高。

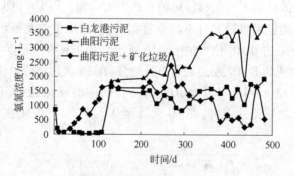

图 4-17　不同性质污泥渗滤液中氨氮随时间的变化

### 4.4.2.5　渗滤液中 VFA 随时间的变化

白龙港污泥渗滤液前 100 天 VFA 有一个下降趋势,随后白龙港污泥和曲阳污泥渗滤液 VFA 均有所上升,白龙港污泥至 220 天开始下降,曲阳污泥至 255 天开始下降,最终至实验结束时均维持在 500 mg/L 左右。

曲阳污泥 + 矿化垃圾渗滤液 VFA 浓度初期阶段在 1000 mg/L 左右,250 天后下降至 300 mg/L,此后一直下降至实验结束时候的 100 mg/L。因此,所有柱子 VFA 浓度总体上都是波动下降趋势(如图4-18所示)。

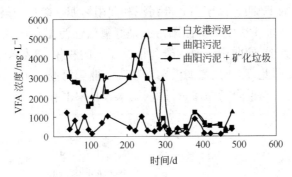

图4-18 不同性质污泥渗滤液中VFA浓度随时间的变化

在厌氧条件下,污泥有机物的降解首先经历水解、发酵、产乙酸阶段。在这一阶段,非产甲烷菌中的发酵细菌把各种复杂的有机物转化为VFA、$CO_2$、$H_2$、$NH_3$、醇类、乳酸、硫化氢等;产乙酸细菌又把丙酸、丁酸、乙醇等转化为$H_2$、$CO_2$和乙酸,从而导致有一定量的酸积累。通过两组生理上不同的产甲烷菌的作用,一组把氢和二氧化碳转化为甲烷,另一组对乙酸脱羧产生甲烷,从而导致VFA的迅速下降并维持在较低水平。随着污泥微生物种群的演替与降解的进行,VFA的浓度也出现周期性升降,随着污泥的不断降解,VFA的浓度总体上呈降低趋势。

#### 4.4.2.6 渗滤液中pH值随时间的变化

从图4-19可以看出,白龙港污泥和曲阳污泥渗滤液在255天左右分别降至最低点7.3和7.1,随后迅速上升,至285天,分别上升至8.9和8.3;此后虽有所下降,但明显要高于实验前期的pH值。

在污泥发酵初期的水解酸化阶段,产生大量的有机酸,从而使渗滤液的pH值较低。同时,有机氮化合物在氨化微生物的脱氨基作用下产生氨,氨可中和一部分酸,避免了酸的过度积累。进入产甲烷阶段后,随着产甲烷细菌利用乙酸、二氧化碳、氢生成甲烷,污泥渗滤液中有机酸的分解速度远大于生成速度,导致pH值上升。

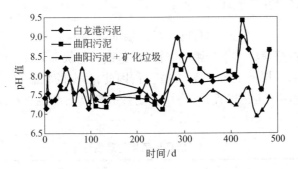

图4-19 不同性质污泥渗滤液中pH值随时间的变化

就pH值而言,曲阳污泥+矿化垃圾混合污泥没有明显的产酸阶段和产甲烷阶段,其pH值一直维持在7.5左右。产甲烷菌pH值的适应范围为6.6~7.5,可见,加入矿化垃圾可为填埋污泥创造更好的产甲烷环境。

#### 4.4.2.7　渗滤液中 TP 随时间的变化

曲阳污泥渗滤液的 TP 明显高于白龙港污泥和曲阳污泥 + 矿化垃圾的 TP(如图 4-20 所示),这是由各自污泥的性质决定的。曲阳污泥是好氧活性污泥和初沉池污泥的混合污泥,微生物在好氧状态下聚磷,使曲阳污泥的磷含量有相当的积累,初始磷含量很高,到填埋厌氧状态时开始释放磷,因此,形成的渗滤液磷含量高。曲阳污泥 + 矿化垃圾混合污泥的各种指标比曲阳污泥低很多,与混合污泥渗透性好,雨水容易渗下有关。

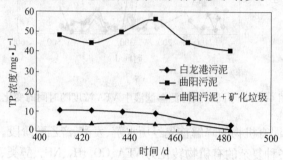

图 4-20　不同性质污泥渗滤液中 TP 随时间的变化

曲阳污泥渗滤液的 TP 有波动,总体上是一个缓慢下降的趋势;白龙港污泥和曲阳污泥 + 矿化垃圾的 TP 在初始阶段分别为 10 mg/L 和 4 mg/L 左右,实验结束时候分别降为 3 mg/L 和 1 mg/L。

### 4.5　污泥填埋场沼气产生量

填埋场内有机物的降解是气体产生的主要来源,而且降解的产物也是填埋气体的主要组成部分。填埋物质的性质以及降解的时期决定了某一个时期的气体组成,填埋气体产生的潜能也决定于填埋物质的组成。国内外学者对有机固体废弃物填埋场的产气量已有较多研究,对污泥在填埋场的产气量一般是将其归类为有机固体废弃物进行研究的,而根据污泥特性对其在填埋场的产气量的研究却鲜有报道。

#### 4.5.1　填埋场气体的产生及原理

填埋场气体的产生是一个非常复杂过程,填埋场气体主要产生于填埋污泥中有机组分的生化分解,既包括好氧状态下产生的气体,也包括厌氧状态下产生的气体。污泥的填埋一般是采用一层填料、一层覆土的交替方式进行,因此,污泥的状态都经历一个由好氧到厌氧的过程。结合填埋场稳定化过程,可将填埋场释放气体的产生过程划分为五个阶段(如表 4-3 所示)。

表 4-3　填埋场气体的产生过程

| 阶　　段 | 主 要 特 征 | 结 束 标 志 | 持 续 时 间 |
|---|---|---|---|
| Ⅰ:初始调整阶段 | 气体中主要是 $CO_2$,温度急剧升高 | 气体不含 $O_2$ | 几小时～一周 |
| Ⅱ:过渡阶段 | ORP 降低,有氢气产生 | 气体不含 $N_2$,$H_2$ 浓度开始降低 | 1～6 月 |

| 阶 段 | 主 要 特 征 | 结 束 标 志 | 持 续 时 间 |
|---|---|---|---|
| Ⅲ：酸化阶段 | 气体中主要是 $CO_2$，pH 值达到最低 | 游离脂肪酸的形成达到峰值，开始产生 $CH_4$ | 3 个月 ~ 3 年 |
| Ⅳ：甲烷发酵阶段 | $CH_4$ 含量为 50% 左右，pH 值升高 | $CH_4$ 和 $CO_2$ 浓度开始减少且产生 $N_2$ | 8 ~ 40 年 |
| Ⅴ：成熟阶段 | $CH_4$ 和 $CO_2$ 浓度急剧降低，重新出现 $N_2$ | 气体以 $N_2$ 为主且厌氧反应结束 | 1 ~ 40 年或更长 |

上述五个阶段并不是绝对孤立的，它们相互作用互为依托，有时会发生一些交叉。各个阶段的持续时间，则根据不同的废物和填埋场条件而有所不同。因为填埋场中污泥是在不同时期进行填埋的，所以在填埋场的不同部位，各个阶段的反应都在同时进行。

### 4.5.2 填埋场气体的组成特点

污泥填埋场可以被概化为一个生态系统，其主要输入项为污泥和水，主要输出项为渗滤液和填埋场气体，两者的产生是填埋场内生物、化学和物理过程共同作用的结果。填埋场气体主要是填埋污泥中可生物降解有机物在微生物作用下的产物。填埋气体的典型特征为：温度为 43 ~ 49℃，相对密度约 1.02 ~ 1.06，为水蒸气所饱和，高位热值为 15630 ~ 19537 kJ/m$^3$。当然，随着填埋场的条件、污泥的特性、压实程度和填埋温度等的不同，所产生的填埋气体各组分的含量会有所变化。

填埋场释放气体中的微量气体量很小，但成分却很多。国外通过对大量填埋场释放气体的取样分析，在其中发现了多达 116 种有机成分，其中许多可以归为挥发性有机组分（VOCs），这些气体可能有毒并对公众健康构成威胁。近年来，国外已有许多工作人员致力于对填埋场微量释放气体环境影响的研究。

填埋气体是由于生活污泥中大量有机物被微生物降解而产生。填埋气体的成分较为复杂，可分为三类：$CH_4$ 和 $CO_2$ 为主要成分，其中 $\varphi(CH_4)$ 为 50% ~ 70%，$\varphi(CO_2)$ 为 30% ~ 50%；$H_2S$、$NH_3$ 和 $H_2$ 等为常见成分，其体积分数之和不足 5%，但对人畜和植物均有毒害作用；而烷烃、环烷烃、芳烃、卤代化合物等挥发性有机物（VOC）为微量成分，其体积分数之和低于 1%。

填埋气体的热值很高，具有很高的利用价值。国内外已经对填埋气体开展了广泛的回收利用，将其收集、贮存和净化后用于气体发电、提供燃气、供热等。

### 4.5.3 填埋污泥产气影响因素的研究

将矿化垃圾、粉煤灰、泥土和建筑垃圾分别与新鲜的白龙港污泥按质量比 1:1 混合均匀后装入填埋柱，模拟在填埋场中的降解。纯污泥也装入一个填埋柱，以作对照。各模拟填埋柱的构造尺寸情况见图 4-21。填埋柱采用硬质 PVC 管材。

填埋柱密封,收集污泥及改性污泥降解产生的气体。收集气体的柱子顶部设一个加水口和一个产气出口,产气量用排饱和食盐水法收集。饱和食盐水调成 pH = 2,以尽量减少气体在饱和食盐水中的溶解度。底部设一出水口,管壁设三个采样口,固体泥样皆从下取样口采集。

为模拟降雨,定期向每个柱子加水。上海市近十年来的年平均降雨量为 1149 mm,根据各柱子的内径和每日平均降雨量,每周加水一次,算得大、小柱每次的加水量分别为 3000 mL 和 300 mL。加水前将柱内渗滤液收集排空。

**4.5.3.1　35℃时污泥的产气影响研究**

将实验装置置于 35℃ ±1℃ 恒温培养箱中,各种工况设计如表 4 - 4 所示。将白龙港化学污泥或改性污泥装入 250 mL 发酵瓶,密封,污泥发酵产生的气体采用装满饱和食盐水(pH 值为 2)的 1000 mL 试剂瓶倒置收集,气体由导气管进入排水集气瓶,水被排入集水瓶;为防止空气从排水导管进入集气瓶,排水导管上设置一个玻璃水封。每天测定收集的水量,气体的产量以排水的体积计。

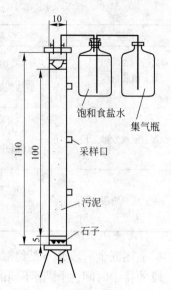

图 4-21　模拟填埋柱示意图
(尺寸单位:cm)

**表 4-4　污泥产气小型实验设置状况**

| 编号 | 装填物类别 | 混合比例 | 装填纯污泥量/g | 设置目的 | 实验条件 |
|---|---|---|---|---|---|
| 1 | 污泥 | | 100 | | |
| 2 | 污泥 | · | 100 | 平行样 | |
| 3 | 污泥 | | 100 | | |
| 4 | 污泥 + 矿化垃圾 | 10:5 | 100 | | |
| 5 | 污泥 + 矿化垃圾 | 10:5 | 100 | 平行样 | |
| 6 | 污泥 + 矿化垃圾 | 10:5 | 100 | | |
| 7 | 污泥 + 矿化垃圾 | 10:10 | 100 | 比较改性剂添加量影响 | |
| 8 | 污泥 + 粉煤灰 | 10:5 | 100 | 比较改性剂添加量影响 | 35℃ |
| 9 | 污泥 + 粉煤灰 | 10:10 | 100 | | |
| 10 | 污泥 + 泥土 | 10:5 | 100 | 比较改性剂添加量影响 | |
| 11 | 污泥 + 泥土 | 10:10 | 100 | | |
| 12 | 污泥 + 建筑垃圾 | 10:5 | 100 | 比较改性剂添加量影响 | |
| 13 | 污泥 + 建筑垃圾 | 10:10 | 100 | | |
| 14 | 污泥 | | 40 | 平行样 | |
| 15 | 污泥 | | 40 | | |
| 16 | 污泥 | | 40 | 松散 | |
| 17 | 污泥 | | 40 | 压实 | |

| 编号 | 装填物类别 | 混合比例 | 装填纯污泥量/g | 设置目的 | 实验条件 |
|------|-----------|---------|---------------|---------|---------|
| 18 | 污泥+矿化垃圾 | 10:5 | 40 | 松散 | 35℃ |
| 19 | 污泥+矿化垃圾 | 10:5 | 40 | 压实 | |
| 20 | 污泥 | | 100 | 比较改性剂、添加量、温度的影响 | 25℃ |
| 21 | 污泥+矿化垃圾 | 10:5 | 100 | | |
| 22 | 污泥+矿化垃圾 | 10:10 | 100 | | |

A  不同填埋方式对污泥产气量的影响

在35℃条件下,对松散状态下的100 g污泥、40 g污泥与压实状态下的40 g污泥做了对比研究。不同质量、不同状态下的污泥产气量变化见图4-22。

松散状态下40 g污泥的累积产气量要高于压实状态下的40 g污泥。这是因为松散污泥孔隙大,气体迁移阻力较小,气体容易释放出来。但是在实际填埋过程中,为了增加填埋场容量,以及为了操作安全等目的,污泥一般都要压实的。

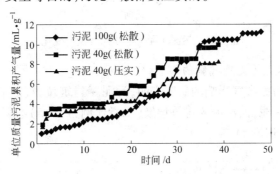

图4-22  不同实验条件下的污泥累积产气量的变化

B  粉煤灰对填埋污泥产气量的影响

在35℃的条件下,对白龙港污泥,以及污泥和粉煤灰比例分别为10:5和10:10的两种混合污泥进行了对比实验,粉煤灰对污泥产气量的影响见图4-23。

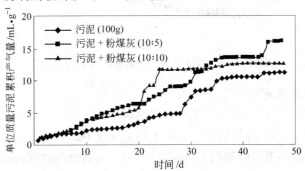

图4-23  污泥+粉煤灰累积产气量的变化

纯污泥的累积产气量最低,添加粉煤灰的污泥累积产气量都高于纯污泥,表明加入粉煤灰可提高污泥产气速率。

污泥 + 粉煤灰(二者比例为 10∶5)混合污泥的累积产气量稍大于纯污泥与污泥 + 粉煤灰(二者比例为 10∶10)混合污泥。其原因可能是粉煤灰加入量大,使污泥 + 粉煤灰(二者比例为 10∶10)的含水率降低,不利于微生物的活动,导致其产气量少一些。

C　泥土对填埋污泥产气量的影响

纯污泥的累积产气量明显低于污泥和泥土比例分别为 10∶5 和 10∶10 的两种混合污泥,而 10∶5 比例下的混合污泥产气量又小于 10∶10 比例下的混合污泥(如图 4-24 所示),说明增加泥土含量可促进污泥产气。

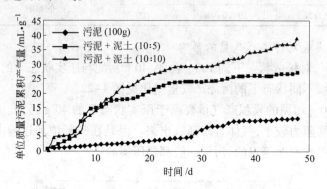

图 4-24　污泥 + 泥土累积产气量的变化

D　建筑垃圾对填埋污泥产气量的影响

建筑垃圾对填埋污泥产气影响的研究表明,污泥 + 建筑垃圾(二者比例为 10∶10)的累积产气量远远高于纯污泥,而污泥 + 建筑垃圾(二者比例为 10∶5)的累积产气量与纯污泥几乎没有差别(如图 4-25 所示)。

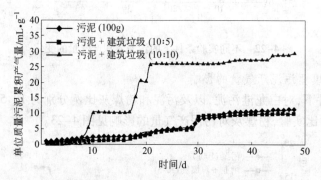

图 4-25　污泥 + 建筑垃圾累积产气量的变化

E　矿化垃圾对填埋污泥产气量的影响

两种比例的污泥 + 矿化垃圾的累积产气量都高于纯污泥(如图 4-26 所示)。污泥 + 矿化垃圾(二者比例为 10∶10)的累积产气量高于污泥 + 矿化垃圾(二者比例为 10∶5)。对于已填埋的污泥而言,因污泥可降解的有机物含量一定,故其产气量在理论上是一定值。由于矿化垃圾可促进污泥产气,因而可以缩短填埋场产气持续时间,加速污泥的稳定化。

4.5.3.2　25℃时矿化垃圾对填埋污泥产气量的影响

在 25℃条件下,不同比例矿化垃圾的填埋污泥的产气速率差别很大(如图 4-27 所示),其中污泥 + 矿化垃圾(二者比例为 10∶10)的产气速率最大,污泥 + 矿化垃圾(二者比例为

10:5)的产气速率次之,纯污泥的产气速率最低。实验结果表明,在25℃条件下,加入矿化垃圾有利于提高污泥产气速率。

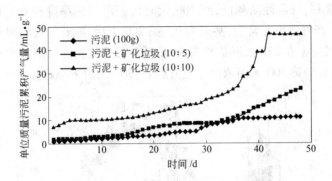

图4-26　污泥 + 矿化垃圾累积产气量的变化

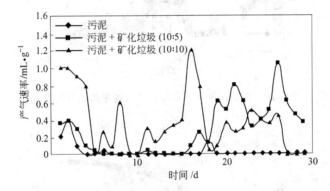

图4-27　25℃时矿化垃圾对污泥产气速率的影响

从图4-28 可以看出,污泥 + 矿化垃圾(10:10)的累积产气量最大,为10.85 mL/g;污泥 + 矿化垃圾(10:5)的产气量次之,为7.9 mL/g,纯污泥的产气量最低,仅为0.9 mL/g。与图4-26 相比,25℃时污泥的产气量要明显低于35℃。

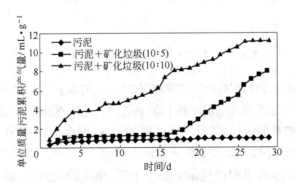

图4-28　25℃时矿化垃圾对填埋污泥累积产气量的影响

### 4.5.3.3　常温下矿化垃圾 + 曲阳污泥的产气状况

为了了解生物污泥及其矿化垃圾改性污泥的产气过程,进行了气体收集实验,但由于污泥柱子漏气,仅收集到曲阳污泥 + 矿化垃圾柱子的气体。柱子直径20 cm,内装21 kg混合均匀的曲阳污泥 + 矿化垃圾(二者比例为10:5)。

　　从图4-29和图4-30可以看出,曲阳污泥 + 矿化垃圾产气速率与温度有很大关系,实验开始时温度较高,污泥产气速率也较高,单位质量污泥的产气速率多在0.2 L/kg 以上。随着填埋时间的推移,气温逐渐降低,到100天时污泥产气速率降至0.1 L/kg 以下。从第120～200天期间,产气速率非常低,甚至为0。第200天后,随着气温的回升,污泥产气速率也开始增加。产气速率在230天时达到最大,此后虽然仍维持在较高的水平,但总体上呈下降趋势;而气温则直到第300天前依然是上升趋势,300天后下降趋势。

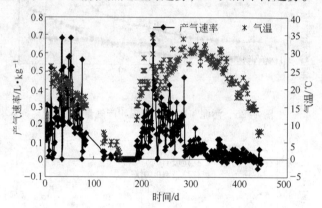

图4-29　曲阳污泥 + 矿化垃圾产气速率随时间的变化

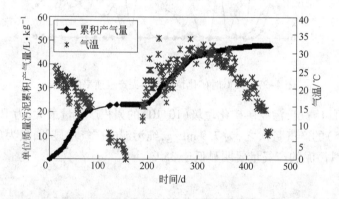

图4-30　曲阳污泥 + 矿化垃圾的累积产气量

　　300天后气温仍很高,但污泥的产气速率却明显降低,基本上在0.1 L/kg 以下。累积产气量曲线也在300天出现拐点,此后随着温度的下降,污泥产气速率逐渐降低,甚至停止产气。

　　在前80天温度较高的时候,累积产气量增加迅速;而在100～200天温度较低的时候,累积产气量的增加趋于平缓。随着200天后温度的再一次升高,累积产气量又迅速增加;随着第300天后温度的下降,累积产气量又趋于平缓,至实验结束时,累积产气量为47.9 L/kg。这一次趋于平缓除了与温度有关外,与污泥的产气能力也有关系。因为经过300天的时间,污泥中大部分易于降解的有机物已经被降解了。

### 4.5.4　气体产生量预测

　　可应用化学计量计算法、动力学模型法和IPCC(International Panel on Climate Change)

法来预测污泥填埋场气体产生量和气体产生率。

### 4.5.4.1 化学计量法预测气体产生量

该方法通过分析污泥的成分,计算出污泥的化学元素组成,并直接利用反应方程式计算产生的甲烷和二氧化碳的量,是一种较为精确和科学的方法。这种方法对多数填埋场都可以适用,但需要对污泥成分进行长期的分类统计和测量。

在污泥生物反应器型填埋场内,污泥厌氧降解的一般反应可写为:

有机物质(固体) + $H_2O$ ⟶ $C_5H_7O_2N$(生物降解物质代表式) + $CH_4$ + $CO_2$ + $HCO_3^-$ + $NH_4^+$

将污泥的有机组分用一般化的分子式 $C_aH_bO_cN_d$ 来表示,首先对污泥进行元素组成测定,根据各元素相对分子质量,进一步计算摩尔比组成,并用归一化方法得到各元素的归一化摩尔比,由此可以得到污泥有机物的近似分子式为 $C_{28}H_{52}O_{16}N_4$。

假设污泥稳定时污泥有机质含量为 100 mg/g,污泥的 TOC 含量约为 5 mg/g,即污泥可降解的 TOC 含量为污泥初始 TOC 含量,即 23.5% − 5% = 18.5%,可降解的有机碳所占质量分数为 77%。

根据污泥有机物分子式,污泥厌氧降解的完整的化学计量反应式可写为:

$$C_{28}H_{52}O_{16}N_4 + 2H_2O \longrightarrow 7.5CH_4 + 4.5CO_2 + NH_4^+ + 3C_5H_7O_2N + HCO_3^-$$

根据相对分子质量,将上式中各物质转化为质量,如下式所示:

1 kg($C_{28}H_{52}O_{16}N_4$) + 0.051 kg($H_2O$) ⟶ 0.171 kg($CH_4$) + 0.283 kg($CO_2$) + 0.026 kg($NH_4^+$) + 0.484 kg($C_5H_7O_2N$) + 0.087 kg($HCO_3^-$)

已知污泥有机物部分的平均密度为 450 kg/m³,则可以根据上面的化学反应计量式来估算 1 m³ 污泥潜在气体产生量为:

$$G_p^{CH_4} = 0.171 \times 0.77 \times 450 = 59.3 \text{ kg}$$

$$G_p^{CO_2} = 0.283 \times 0.77 \times 450 = 98.1 \text{ kg}$$

那么,1 m³ 污泥总的气体产生潜能为 $G_p = G_p^{CH_4} + G_p^{CO_2} = 59.3 + 98.1 = 157.4$ kg

### 4.5.4.2 动力学模型预测气体产生率

气体产生率受诸多因素如湿度、温度、营养物质含量、pH 值、碱度、固体密度、粒度以及填埋过程等的影响。目前填埋场内广泛应用的气体产生率是一级反应动力学模型。

如果气体的变化率为 $-dG_p/dt$,那么总的气体产生率 $\alpha_T$ 可以表示为

$$\alpha_T = -\frac{dG_p}{dt} = \frac{dG_c}{dt} \quad (4-1)$$

式中,$G_p$ 是气体产生潜能;$G_c$ 是累积的气体产生量;$t$ 为时间。总的气体产生率与气体产生潜能的比例关系如下:

$$\alpha_T = kG_p \quad (4-2)$$

式中,$k$ 为气体产生率常数;气体产生潜能与气体的累积遵循相反的模式,$G_p$ 和 $G_c$ 的和就是总的气体产生容量 $G_T$。将式(4-1)在 $t(0,t)$ 并且 $G_p[G_T,G_p]$ 内积分得:

$$G_p = G_T e^{-kt} \quad (4-3)$$

将式(4-2)代入式(4-3),总的气体产生率可以表示为:

$$\alpha_T = \lambda G_T e^{-kt} \quad (4-4)$$

因为是假定填埋场内气体主要是由甲烷和二氧化碳组成的,所以总的气体产生率是各自气体产生率之和。因为填埋物质组成因地区不同而有较大差异,Findikakis 和 Leckie 认

为,根据物质的降解性可以将填埋物质分为三种代表性种类,每一种都有相应的速率常数 $k_m$ 和气体产生潜能 $G_p^m$,即:

$$G_p^m = G_\tau A_m e^{-k_m t} \tag{4-5}$$

$$\alpha_T^m = \sum_i G_T^i A_m k_m e^{-k_m t}, i = 1,2 \tag{4-6}$$

$$\alpha_T = \sum_{m=1}^{3} \alpha_T^m \tag{4-7}$$

式中,$\alpha_T^m$ 表示组成物质 $m$ 的总的气体产生率;$m$ 为降解类别,$m=1$ 表示易降解废物,$m=2$ 表示中等易降解废物,$m=3$ 表示难降解废物;$A_m$ 为组成物质 $m$ 所占的比例;$G_T^i$ 为气体 $i$ 的总的产生量(单位体积污泥产生的气体质量);$i$ 表示气体种类,$i=1$ 表示 $CH_4$,$i=2$ 表示 $CO_2$;$k_m$ 为组成物质 $m$ 的气体产生率。

一阶衰减方法中的气体产生率常数 $k$ 与废弃物中可降解有机碳降解到其初始填埋量的一半的时间有关,即用半生命期(单位:a)表示,如下:

$$k = \frac{\ln 2}{t_{1/2}}$$

根据实测数据,对测得的污泥有机碳含量与时间的关系进行拟合,得到污泥有机碳与时间的定量化数学关系式,如下:

$$y = 20.6970 e^{-0.00063x}, x \leqslant 500 \text{ d}, R^2 = 0.87386$$

根据拟合关系式对有机碳含量达到 5% 所需时间进行预测,可得到有机碳降解完成的时间为 2254 天,约 6.18 年,那么 $k = \ln 2/3.09 = 0.224$。

污泥组成及相应参数见表 4-5,因污泥有机物主要由脂肪和蛋白质类物质组成,因此,本研究中,我们设定污泥有机物全属于易降解物质。根据动力学模型预测的气体产生率见图 4-31。

表 4-5   污泥组成及相应参数

| 参　　　数 | 污泥有机物组成(易降解) | |
|---|---|---|
| 污泥组成比例,$A_m/\text{kg} \cdot \text{kg}^{-1}$ | 0.45 | |
| 半生命周期,$t_{1/2}/\text{a}$ | 3.09 | |
| 气体产生率常数,$k_m/\text{a}^{-1}$ | 0.224 | |
| 按污泥干重计,气体产生潜能,$G_p^m/\text{kg} \cdot \text{m}^{-3}$ | 157.4 | |
| | CH$_4$ | CO$_2$ |
| | 59.3 | 98.1 |
| 按污泥干重计,总的气体产生率,$\alpha_T^m/\text{kg} \cdot (\text{m}^3 \cdot \text{a})^{-1}$ | 35.3 | |
| | CH$_4$ | CO$_2$ |
| | 13.3 | 22.0 |

**4.5.4.3   根据《IPCC 指南》预测的甲烷产生量和产生率**

1996 年,《IPCC 国家温室气体清单指南修订本》(以下简称《IPCC 指南》)概述了估算固体废弃物处理场所中甲烷排放的一阶衰减方法。该方法提出随时间变化的甲烷排放估算,这种估算很好地反映了废弃物随时间的降解过程。

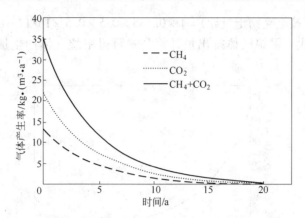

图 4-31 根据动力学模型预测的气体产生率

甲烷气体产生潜力(单位质量废弃物产生的甲烷气体量,kg/kg)计算公式:

$$甲烷产生潜力 = MCF_x \cdot DOC_j \cdot DOC_f \cdot F \cdot 16/12$$

填埋场的甲烷气体排出量计算公式:

$$MB_y = \varphi \cdot \frac{16}{12} \cdot F \cdot DOC_f \cdot MCF \cdot \sum_{x=1}^{y} W_x \cdot DOC_j \cdot (1 - e^{-k}) \cdot e^{-k \cdot (y-x)}$$

其中,各参数代表意义及取值如下:

(1)模型校正因子 $\varphi$:用于描述模型不确定性的模型校正因子,缺省值为 0.9。

(2)甲烷在垃圾填埋气体中的比例 $F$:污泥填埋气体主要是甲烷和二氧化碳,甲烷在填埋气体中的比例 $F$ 一般取值范围为 0.4 ~ 0.6 之间,平均取值为 0.5,它取决于多个因素,包括废弃物成分如碳水化合物和纤维素,回收的填埋气体中的甲烷浓度可能由于潜在空气稀释作用而低于实际值,因此,这里估计的甲烷在填埋气体中的比例并不具有代表性。

(3)某年($x$)的可降解有机碳 $DOC_j$:可降解有机碳是指废弃物中容易被生物化学分解的有机碳,表示为每 1 kg 废弃物中的 1 kg 碳,它以废弃物的成分为基础,可以通过废弃物流中各类成分的加权平均计算,取值为 0.5(来源:IPCC 2006 Guidelines for National Greenhouse Gas Inventories, Vol. 5, Tables 2.4 and 2.5)。

(4)经过异化的可降解有机碳的比例 $DOC_f$:经过异化的可降解有机碳的比例($DOC_f$)是一个最终从固体废弃物处理场分解和释放出来的碳的比例估计值,它表明某些有机碳在固体废弃物处理场中并不一定分解或分解很慢。《IPCC 指南》提供经过异化的可降解有机碳比例的缺省值为 0.77。

(5)某年($x$)的甲烷修正因子 $MCF_x$:甲烷修正因子 MCF 说明非管理的固体废弃物处理场产生的甲烷比同样数量固体废弃物在管理的固体废弃物处理场产生的要少,因为有相当一部分的废弃物在未加管理的固体废弃物处理场的上层发生耗氧分解,取值为 1。

(6)甲烷气体产生率常数 $K$。

(7)$W_x$ 表示第 $x$ 年填埋的固体废弃物量。

(8)$x$ 表示应加上投入数据的年份。

(9)$y$ 表示清单计算当年。

(10)16/12 表示碳转化为甲烷的系数。

将各参数指标代入计算得:

甲烷产生潜力(按废弃物干重计) $= 1 \times 0.185 \times 0.5 \times 0.5 \times 16/12 = 0.0617(kg/kg)$

将各参数指标代入甲烷气体排出量计算公式可得甲烷气体产生量与时间的关系,如图4-32所示。

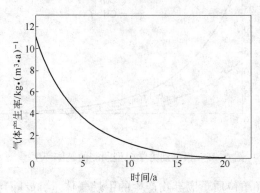

图4-32　根据《IPCC指南》预测的气体产生率

用化学计量法和《IPCC指南》预测的甲烷气体产生潜能(按污泥干重计)分别为59.3 kg/m³和61.7 kg/m³。用动力学模型和《IPCC指南》预测的甲烷气体产生率(按污泥干重计)分别为13.3 kg/(m³·a)和11.1 kg/(m³·a)。两种方法计算的甲烷气体产生率的差别主要在于参数的取值不同,化学计量法和动力学模型法预测的气体产生量和产生率更能反映污泥填埋场实际的气体产生情况,但应用《IPCC指南》更适合于从宏观角度估算一个地区或整个国家的填埋场产气量。

## 4.6　加速填埋场污泥的稳定化技术

加速填埋场的稳定化进程,可以缩短填埋场的管理期限,减少填埋场的管理费用,加快对填埋场的重新利用,具有很大的实际意义。加速填埋场稳定化的方法很多,一般可将它们分为三类。

### 4.6.1　选择合适的外界条件

填埋场地的气候条件,如温度、湿度等对填埋场的稳定化影响很大。当温度为41℃,湿度为61%~70%时,填埋物质的降解速率最大,寒冷干燥气候不利于填埋场物质的降解。此外,填埋物质中的氧气含量对其降解速度有着重要作用,一般有氧阶段降解的速度要快于无氧阶段,可使填埋物质在最短时间内达到稳定状态,因此,向填埋场内部通入空气能加快其稳定化进程。目前,国外较为流行的是采用准好氧填埋设计的思想进行填埋,其核心思想是不用动力供氧,而利用渗滤液收集管道的不满流设计,使空气自然通入,在填埋物质堆体发酵产生温差的推动下,使填埋层处于需氧状态,这样可以保证在填埋场内部存在一定的好氧区域,特别是在渗滤液集排水管和排气管周围存在好氧区域,抑制了沼气和硫化氢等气体的产生,填埋物质也能尽早达到稳定化,同时也降低了渗滤液的污染强度。空气无法接近的填埋层中央部分等处成为厌氧状态,在厌氧状态领域,部分有机物被分解,还原成硫化氢,填埋物质中含有的镉、汞、铅等重金属离子与硫化氢反应,生成不溶于水的硫化物,存留在填埋层中。

目前,日本一般废弃物的最终处置场普遍采用了准好氧填埋的结构,日本的工程实践证明了准好氧填埋的方式比较适合填埋垃圾的无机物含量较高,规模属于中、小型的垃圾填埋场。Kim 和 Younkyu 通过用实验柱对准好氧填埋场去除渗滤液中污染物质的能力进行了研究,研究表明,当渗滤液通过碎石柱时,对渗滤液中 COD、氨氮和硝态氮的去除最有效,当碎石柱在准好氧条件下时,对 COD、氨氮的去除率分别为 150 g/(m³·d) 和 20 g/(m³·d),而当它在厌氧的条件下时,COD、氨氮的去除率分别为 400 g/(m³·d) 和 150 g/(m³·d),且在准好氧条件下,硝化和反硝化过程同时发生,反硝化和硝化比例为 0.8。

### 4.6.2　加入适当的添加物

固体废物经过降解,可生物降解的有机物通过微生物转化生成较高浓度的中间产物挥发性脂肪酸 VFA。如果酸(碳酸和 VFA)的浓度超过了可以利用的碱,那么填埋场内部会呈现酸性,这将会严重抑制微生物的活动,尤其是产甲烷菌的活动。当甲烷的产生停止后,VFA 会继续积累。产甲烷菌比较适合于中性的 pH 值条件,其合适的范围大约在 6.5~8.2。

在甲烷发酵时期,pH 值升高,由重碳酸盐缓冲系统进行控制。要使厌氧反应过程持续快速地进行,必须保证酸的生成和消耗之间的平衡。足够的碱度或缓冲容量能够保证反应器内的 pH 值稳定在生物活动比较适合的范围内。Hamzawi 等人研究了模拟生物反应器型填埋场内不同碳酸氢钠碱度下处理有机固体废物的效果,重碳酸盐的碱度对渗滤液性质以及有机废物降解的影响。结果表明,碱的加入能够减少废物量和有机质的含量,并且能够缩短降解的时间。Pacey 采用在覆盖层或垃圾体中加入石灰、消化污泥等碱性物质,增加生物反应器型填埋场的 pH 值缓冲能力。

通过加入适当的添加物,创造出填埋场内适宜于微生物种群生存的局部环境。丁立强将城市污水处理厂污泥分别与生石灰、粉煤灰、黏土按质量 2:1 混合后填埋,结果表明,添加剂能够显著改变污泥的物理性质,而且渗滤液性质及污泥中污染物迁移转化行为也与添加剂有密切关系。

朱青山等人在垃圾中添加 KCl、KH₂PO₄、(NH₄)₂CO₃、FeCl₂ 时,对垃圾降解和填埋场稳定化时间的缩短有促进作用,而 CuSO₄、K₂Cr₂O₇、Na₂MoO₄、Na₂WO₄ 和醋酸的加入则抑制了垃圾的降解,认为 KCl 是促进垃圾降解,加速填埋场稳定化的最佳添加物。同时,他们还研究了垃圾恒压表面沉降速度,以及添加物氮、磷、钾、铬、铜、钨、钼、铁(均为钠盐或钾盐)和醋酸对该速度的影响。根据沉降速度与时间的函数关系,推算了填埋场稳定化时间。实验结果表明,氮、磷和钾的加入促进了垃圾降解,从而缩短了稳定化时间,其他化合物的加入对降解则影响不大。Warith 的研究表明,在回灌渗滤液中适当补充营养物质,调节填埋场内 C:N:P 的平衡,可提高有机垃圾的降解速率。

以厌氧消化污泥对填埋垃圾进行接种是另一种可以加速填埋层进入甲烷化代谢阶段的方法;Vavilin 等人对厌氧消化污泥与垃圾分层填埋时如何加速填埋层甲烷化的过程进行了动力学模拟分析;Martin 则从理论上分析了污泥与垃圾均匀混合填埋加速填埋层甲烷化的机理。

朱英通过对填埋物质分别为污泥、污泥 + 牛粪、污泥 + 铁刨花以及准好氧填埋方式的加速稳定化过程进行了研究,得出如下结论:

(1)降解速度由高到低的顺序为:污泥 + 铁刨花 > 准好氧污泥 > 污泥 > 污泥 + 牛粪。填埋物质污泥 + 铁刨花的 TOC 和 VM 含量分别从 21.6% 和 44.1% 降到 15.4% 和 33.4%;

准好氧污泥的 TOC 和 VM 含量分别从 21.6% 和 44.1% 降到 15.7% 和 32.5%。

（2）不同填埋物质各参数相关性的分析表明，污泥 + 铁刨花和准好氧污泥的快速降解与含水率的快速减少以及相对较多的微生物量有关。对污泥 + 铁刨花和准好氧污泥来讲，TOC 和 VM 与含水率和 DHA 有明显的相关性，说明这两种填埋物质的降解主要与含水率和微生物数量活性有关，污泥 TOC 和 VM 与含水率相关性也很好，但是与 DHA 的相关性不如以上两种物质明显。由此说明，污泥 + 铁刨花和准好氧污泥的快速降解与含水率的快速减少以及相对较多的微生物量有关。污泥 + 铁刨花较好的降解效果可能归因于铁刨花的加入，有利于污泥中水分的渗出，含水率会影响生物的活性，最佳的含水率为 50% ~ 60%，含水率的降低有利于微生物保持较高的活性，从而有利于填埋物质的降解。另外，铁刨花可以与填埋物质中的无机碳形成微电池环境，从电极反应中得到的氢自由基[H]具有很强的活性，能与填埋物质中的许多组分发生氧化还原反应，将大分子分解为小分子。

### 4.6.3　渗滤液循环

渗滤液循环作为一种有效的控制渗滤液污染的技术已经有 20 多年的发展历史，研究结果表明，渗滤液循环不仅能够降低渗滤液的污染负荷，有效控制生活垃圾填埋场渗滤液的污染，而且还能够加速填埋场垃圾的生物稳定化过程。

劭立明等人通过填埋模拟柱实验，研究了渗滤液原液循环条件下，新鲜垃圾与厌氧生物处理污泥混合后填埋（9∶1，湿基质量比），能够有效地加速填埋层进入稳定的甲烷化阶段。有研究表明，在填埋场实施渗滤液回灌，垃圾填埋层基本相当于生物滤床，在垃圾层的作用下，渗滤液中的挥发性脂肪酸、COD、TOC 浓度较未进行渗滤液回灌的填埋场下降快得多。

## 4.7　填埋场污泥的稳定化评价指标体系

### 4.7.1　填埋场稳定化过程研究的重要性

填埋场稳定化是一个非常漫长的过程，填埋物质组成、填埋操作方式、填埋场水文气象条件等诸多因素都直接影响到填埋场稳定化进程。只有对填埋场稳定化进程进行深入的研究，准确预测将来不同时期填埋场的稳定化程度，才能选择适宜的防渗材料、设计合适的导气系统、确定最佳的渗滤液处理方法、设备以及工艺参数；才能对不同时期的填埋场制定出最佳的再利用方案。所以，对卫生填埋场内的稳定化进行研究，并采用相应的措施加快其稳定化进程，对于减轻或消除填埋场的危害，以及确保填埋场地最大限度的安全再利用，具有重大的实际意义。

稳定化填埋场的利用有两种：一是利用已稳定化了的或进行稳定化处理的老填埋场所作为继续填埋生活垃圾、污泥和炉渣等物质的填埋场，从而节约建设新填埋场所需的大量资金；二是对稳定了的填埋场进行规划开发，经安全防范处理后，用于建设公园、种植经济树木等。未稳定化的填埋场，不仅填埋场表面不断下沉，而且在其稳定化过程中会产生大量的填埋气和渗滤液，如不作处理，对附近公众健康和周围环境产生的危害能持续几十年甚至上百年。

### 4.7.2　填埋场稳定化状态的判定

当填埋场内填埋物质的可降解有机组分得到矿化，可浸出的无机盐由渗滤液带走，渗滤液不经处理即可直接排放,基本无气体产生,场地表面自然沉降停止,这时,可以认为填埋场达到稳定状态。从填埋物质进场、覆土和封闭场地到稳定化状态的间隔时间称为稳定化周期。判别填埋场的稳定化状态直接关系到是否采取措施加快稳定化进程,缩短填埋场的稳定化周期和减少污染物对环境的不利影响。

### 4.7.3 生物固体稳定化过程研究

填埋后的产物性质是否稳定,直接影响填埋污泥的资源化利用。未稳定的污泥应用于农业土壤中时,其中的有机物会严重影响土壤中有机物质的行为,也会引起植物的毒害,氮和氧的缺乏,还会危害环境。鉴于此,污泥的稳定性评价就成为污泥安全利用的重要依据。

#### 4.7.3.1 生物固体稳定的定义

Vesilind 认为,"稳定"一词可以得到广泛的应用和理解,但是却很难定义。由于生物固体稳定化技术及其最终应用不同,最后达到的稳定程度的需求也不同,因此,用于决定生物固体稳定的标准也比较复杂。而且,不同的学者对稳定化的不同定义使标准的确定更加复杂。Bruce 和 Fisher 注意到,由于采用的稳定化方法的不同,使稳定后的生物固体的特征也存在着差异。

因此,要根据污泥的最终应用方式来确定具体的标准。如果污泥用来作为肥料添加剂,那么它应该具有与最终应用有关的特征。如果农田离居住区比较近,人们会受到污泥散发的臭气的干扰,那么,在定义污泥的稳定适应性时,应该将臭气这一指标考虑进来。如果农田中生长的植物是用于人们消费的,那么,污泥中病原菌的数量尤其重要。应该说没有哪一个污泥指标(或是多个特征的结合)能够准确地对最终应用的污泥的性质进行定义,而且也不会找到一种比较普遍的特征。

#### 4.7.3.2 生物固体稳定化目标

Bruce 认为,用于评价生物固体稳定度的方法,根据稳定化技术产生的生物固体随稳定化程度的不同而不同,其目的主要是产生适合最终应用的产品,而不是达到绝对的质量标准。Krishnamoorthy 认为,用于评价稳定度的目标依赖于在对稳定进行定义时所应用的方法。

虽然生物固体稳定的技术有很大不同,但这些技术的一些基本目的或目标是一样的,即都是通过稳定化过程来减少病原菌、去除有害臭气并且去除潜在的危害。虽然生物固体稳定化是根据这三个目标来评价,但这些目标不一定要与生物固体稳定的定量评价有明确的关系。病原菌比较适合评价生物固体的健康和安全性,与生物固体的稳定没有直接的关系。臭气与稳定的关系比较间接,由于臭气的测定比较主观,难以进行精确的描述和测定,也就不能对稳定提供精确的评价,因此,在评价生物固体的稳定时,不一定能对臭气进行精确的定量,但是产品的臭气控制是稳定的目标之一。在许多关于稳定的概念中都提到产品的臭气,因此,产品的臭气评价是重要的评价参数。第三个稳定的目标与生物活动所需要的能源有关,生物活动所需要的能源与稳定的关系与病原菌相比有着更加直接的关系,并且比产生的臭气更容易进行定量评价。

#### 4.7.3.3 评价厌氧污泥稳定程度的参数指标

在评价生物固体的稳定化方面,目前还没有统一的分析指标。目前,国内外文献主要是分析生物固体的有机质(即挥发性物质 VM)、总糖、纤维素、半纤维素、木质素、生化产甲烷能力、甲烷产率与产量和生物可降解物等。

从理论研究的角度来讲,可以应用先进的仪器设备及方法对稳定化过程进行系统的机理研究和评价。但从实际观点来考虑,任何对稳定进行评价的参数执行起来都应该简单快速,测试费用低。

对厌氧消化的污泥来说,推荐如下几项测试:挥发性物质减少率、不稳定物质减少量、腐殖质含量测试和植物毒性测试。

A　挥发性物质减少率

污泥的挥发性物质是指污泥在550℃的温度下灼烧3 h后的质量损失。随着污泥厌氧消化的不断进行,污泥的挥发性物质逐渐减少,相应的挥发性物质减少率会逐渐增多,污泥的稳定化程度就不断提高。这种方法比较简单经济,但只是从宏观上说明了总挥发性物质的变化,不能给予各物质具体的变化过程。

B　不稳定物质减少量

污泥在稳定化过程中,无论是好氧还是厌氧消化,都会发生有机物的降解和转化,通过这些变化,可以反映污泥的稳定化过程。因此,在对污泥中的不稳定物质进行测试时,好氧和厌氧两种污泥处理技术可以相互借鉴应用。目前,所应用的测试手段主要归纳为以下几个方面。

a　红外光谱

红外光谱是定性分析有机物官能团的主要手段之一,在固体废物中有机物降解的不同时期,可以根据红外光谱图的峰位、峰强度及峰形来判断有机物存在的官能团及发生的变化。在废物的生物处理过程中,代表无机和有机功能体的特征谱带发生着变化,可以对有机物稳定的过程进行判断:一些谱带由于新陈代谢活动而消失;一些无机化合物的谱带也有利于评价生物固体的稳定化过程,由于有机物降解增加了无机物的浓度,代表无机功能体的谱带会有增加的趋势;还有一些谱带会逐渐降低到一个相对比较稳定的水平,从而表明稳定化。Smidt 等人研究有机废物堆肥稳定过程中,根据 $1740 \sim 1720 \ cm^{-1}$, $1320 \ cm^{-1}$, $1260 \sim 1240 \ cm^{-1}$ 处谱带的消失以及无机物和有机物的谱带高度达到一个稳定的水平证明有机物达到了稳定化状态。Smidt 和 Hsu 等人成功地应用了红外光谱技术对生物固体堆肥的稳定化过程进行了研究。

b　裂解质谱

裂解质谱能够分离和鉴定化合物的结构,各种裂解产物在谱图上有特定的分子离子峰。根据某些化合物基团离子化强度的变化可以表征有机物的稳定化过程。Van Bochove 用该技术研究了牛粪堆肥四个阶段的特征。

将红外光谱和裂解质谱结合应用是定性评价有机废物变化的较好的手段。这两种方法中,红外光谱的优点是费用低、样品准备和测定时间短,比较适合于实际的应用。裂解质谱虽然测试费用相对较高,但是它能提供分子结构的详细信息,而且还能识别化学指纹,并对产品质量进行评价,它主要应用在科研领域。

关于红外谱带或离子化质谱的强度要由生物固体废物的组成和所应用的稳定化技术来确定,因此,没有必要给出谱带高度的具体值。应该在相同的稳定化条件下,通过比较各个时期有机物的光谱特征来对产品的过程进行控制和质量进行评价。

c　紫外可见光谱

Zbytniewski 用紫外可见光谱技术研究了堆肥污泥的腐殖化过程。将 1 g 样品加入到 250 mL 聚乙烯瓶中,用 50 mL 0.5 mol/L 的氢氧化钠振荡提取 2 h,然后将其放置过夜,将悬浮液在 3000 r/min 的转速下离心处理 25 min。测定波长为 280 nm,472 nm,664 nm 的吸光度。$Q_{2/4}$(280/472) 反映了在腐殖化开始时木质素和其他物质的比值以及物质的含量,$Q_{2/6}$(280/664) 能够表明非腐殖化和腐殖化物质的关系。$Q_{4/6}$(472/664) 常被称为腐殖化指数,也是一个经常计算的值。腐殖质典型的 $Q_{4/6}$(472/664) 的比值常常小于 5。在堆肥后期,腐殖化指数 $Q_{4/6}$(472/664) 超过 5 达到了 8.8,这表明腐殖化过程还不完全。

d　核磁共振

在分子体系中,由于各种碳核所处的化学环境不同,所以它们具有不同的共振频率,即产生化学位移现象。从核磁共振光谱能获得许多关于腐殖质的结构信息:从组峰的数目可以知道分子中不同种类的氢核数目;从化学位移值可推测碳核所处的官能团;从各种峰的积分高度比可求得对应的碳核个数比。

Zbytniewski 用 $^{13}$C 核磁共振光谱技术对污泥堆肥不同时期腐殖化对腐殖酸分子性质的影响进行了研究,揭示了污泥堆肥过程中腐殖酸结构的变化,将 53 天内的堆肥污泥分为三个阶段:最初的两到三个星期,主要是非腐殖化的容易降解的有机物进行快速的降解;接下来的两个星期,有机物进行腐殖化,同时一些缩聚物质开始形成;最后,有机物趋于稳定,微生物活动微弱。

e　热分析

有机固体在生物处理过程中发生降解、转化、矿化和腐殖化,变化后的有机物都对应着不同的能量含量,这可由样品的热行为特征得以反映。相对比较稳定的样品要更高的温度才能有相同的质量损失,随着稳定化程度的增加,峰值会逐渐向更高温度变化。示差热重曲线较显著的峰显示了有机物的损失,随着有机物的稳定,峰强度会减小。示差扫描量热和 $CO_2$ 离子流曲线可显示有机物释放的能量变化过程,从而揭示物质的具体变化过程。

有研究者对不同的堆肥成熟期用示差扫描量热法测定和热重分析法来表征。Otera 等人通过微热测定来控制污水处理厂污泥的稳定化过程。该方法可以用完整的样品进行分析,避免了化学提取步骤,因为这些步骤经常会影响有机物的性质和环境,而用热方法,只需要对数据进行简单的解释程序,还能进一步评价有机物的状态,并能得到无机物相关的信息。因此,热方法是评价降解过程的快速方式。

C　腐殖质含量

在污泥厌氧稳定化过程中,一部分有机物经过矿化后变成甲烷、二氧化碳、氨氮和水等,而另一部分有机物则转变成腐殖质。当稳定后或经过较好腐殖化的生物固体应用于比较贫瘠的土壤中时,会大大提高土壤的性质,增加肥效和作物的产量。而且,腐殖质会与杀虫剂相互作用加速它们的降解,与重金属离子相互作用从而影响它们的迁移和植物对金属的吸收。而且,生物固体还能够调节土壤 pH 值,给植物生长提高营养元素。研究者认为,腐殖质的各个部分含量可以代表稳定的程度。Veeken 认为,胡敏酸的增加水平代表着堆肥的腐殖化程度和腐熟度。一般新鲜的堆肥物质都含有较低含量的胡敏酸和较高含量的富里酸,随着堆肥过程的进行,胡敏酸会呈增加的趋势,而富里酸呈减少的趋势。

但是,有些腐殖质的提取和分离技术不是很明确,在用碱处理过程中,一些非腐殖质部分也可能会被提取出来。因此，没有经过任何预处理然后用氢氧化钠进行简单的提取，会导致在进行污泥稳定度评价和腐殖质分子结构调查时出现严重的错误。

　　D　植物毒性测试

　　有机废物产生的植物毒性效应是几个因素综合作用的结果，包括重金属、氨氮、盐类和低相对分子质量的有机酸等。大麦种子可用来进行不同有机物的种子发芽测试，因为他们容易控制并且生长得很快。水芹种子也用来进行发芽测试，因为他们发芽快速而且它们对较低的盐浓度和植物毒性物质灵敏。可以用这两种类型的种子发芽和根部生长来研究稳定化过程中污泥对植物毒性的影响，这种生物鉴定简单，而且可快速地测定植物毒性。一般认为，在植物毒性的生物评价时，种子发芽实验比根部延长的实验灵敏度低。

　　Fuentes 等人用大麦种子进行发芽测试时，稳定化程度最低的污泥的提取液抑制效果最大，也影响了根部的生长。但是用比大麦种子对植物毒性更敏感的水芹种子进行的发芽测试显示，矿化程度较高的污泥的提取液对根部的生长有明显的抑制作用。

# 5 矿化污泥开采及资源化利用方式

## 5.1 矿化污泥开采技术

污泥在填埋场内经过一系列物理、化学过程,逐步达到稳定形成矿化污泥,研究发现,填埋污泥达到稳定化约需要 3～5 年的时间,所形成的矿化污泥开采后可进行综合利用,实现污泥填埋－填埋场污泥降解与稳定化形成矿化污泥－矿化污泥开采与利用－污泥填埋的循环。循环填埋技术省去了新建填埋场的费用,降低了填埋技术的总成本,是一种可持续填埋技术。

为使开采后的矿化污泥得到合理有效的资源化利用,实现污泥生物反应器型填埋场的可持续循环填埋,保证开采和利用过程中的安全性、合理性,需要对矿化污泥开采技术进行规范化、标准化。

### 5.1.1 矿化污泥开采的准备工作

#### 5.1.1.1 基础设施的建设

开采矿化污泥的基础设施包括矿化污泥开采和运输设备的进出道路,开采现场所需要供水设施,开采场地排水设施,电力设施,必要的通信设施及现场办公场地等。

#### 5.1.1.2 堆放场

开采出来的矿化污泥需要空旷平坦、便于晾干和运输、装卸的堆放场地。堆放场、分选场的大小视现场情况和日开采量决定。

#### 5.1.1.3 安全装备

填埋场开采工程中所需要的安全设备,包括:(1)标准安全装备,如安全帽、防护鞋、防护眼镜和/或面罩、防护手套和耳塞;(2)特殊安全装备,如化学防护服,呼吸保护装备;(3)检测设备,如燃气检测仪、硫化氢检测仪和氧分析仪。

#### 5.1.1.4 工作人员的安全和环境保护培训

所有有关的工作人员都必须熟悉安全保障措施的内容,并接受事故应急反应的培训。培训内容包括:

(1)危险材料鉴别与评估和应急措施,填埋污泥中如遇到有危险材料和应急情况,应会处理;

(2)填埋场工程控制,开采工程中会出现一些未预见的工程问题,应及时控制;

(3)书面标准操作规程,对开采操作规程要熟悉;

(4)设备使用,开采设备的使用要熟练;

(5)呼吸保护措施中呼吸器的选择以及适应性测试方法;

(6)废物的预处置方法;

(7)安全装置的定期检修操作规程。

### 5.1.1.5　排水

对单元式填埋场的开采单元应进行开沟排水。为了减少开采单元污泥的含水率,提高开采效率,应用挖掘机对开采单元进行开沟排水。

设计排水沟之前应对开采单元排水量进行计算,排水量计算公式为:

$$Q = Q_1 + Q_2 + Q_3 + Q_4$$

式中　$Q$——开采单元排水量,$m^3/d$;

$Q_1$——开采单元污泥渗滤液量,$m^3/d$;

$Q_2$——开采单元雨水量,$m^3/d$;

$Q_3$——开采单元邻近单元渗水量,$m^3/d$;

$Q_4$——开采单元地下水渗入量,$m^3/d$。

开沟方法:(1)将开采单元按尺寸 $50\ m \times 125\ m$ 划分为一个个小单元,共分为 8 个小单元;为了安全,靠近公路一侧不设排水沟。(2)沟的形状和尺寸。为了确保安全,排水沟的形状为梯形,上宽下窄,上口宽约为 5.0 m,下口宽约为 3.0 m,沟的深度至填埋污泥的底部,约为 4.0 m;在填埋单元不靠近公路边一侧,开一条总排水沟,总排水沟的断面尺寸为,上口宽约 8.0 m,下口宽约 5.0 m。(3)排水沟坡度。为了便于排水,排水沟的坡度约在 1% ~ 2%,每一条支排水沟的水应汇入到总排水沟。(4)集水井。在总排水沟的末端应设一个集水井,尺寸约为 $30\ m^2$,潜水泵从此集水井将水抽至单元外的排水渠,汇至氧化塘。

### 5.1.1.6　安全支撑

在采用开沟排水时,为了防止暴雨时排水支沟塌方,应对排水支沟架设安全支撑保护设施,防止污泥坍塌,以确保开采安全。

## 5.1.2　矿化污泥开采的技术准则

### 5.1.2.1　开采时间的准则

规定污泥填埋场开采时间在晴天或阴天,不利气候如雷雨天和落雪天及大风或暴风天,不得实施污泥开采。

雨天实施污泥填埋场开采,存在问题有:(1)排水困难;(2)难以实施遮雨措施,因为污泥填埋场占地面积较大,往往雨天风也较大,很难实施人工遮雨方法;(3)雨天不便开采、运输操作,雨天污泥含水率高,使污泥处于流变状态,容易造成滑坡和坍塌事故;(4)易发生雷击,由于污泥填埋场占地面积较大,位于城市郊区,防雷措施不一定合乎要求,而且填埋气体易引发雷击。

### 5.1.2.2　基础资料收集的准则

实施污泥填埋场开采,必须对待开采污泥填埋场的基础资料进行收集和分析。

收集的资料主要有以下几个方面。

(1)待开采污泥填埋场所在地的地理位置、地形、地貌、地质及水文、气象资料,待开采填埋场地质特征、周围区域的稳定性以及附近地下水的分布和流向等。

(2)填埋场周围城市规划资料,包括城市的人口、工农业产值、城市居民物质生活水平和燃料结构、生活习惯等。

(3)城市环境卫生专项规划资料,包括生活污泥产生量及其变化情况,污泥收集方式,污泥处理处置方法,如填埋、焚烧、堆肥及综合处置等。

（4）调查和收集有关污泥填埋场开采的相关法规和标准。如环境保护法、水污染防治法、城市规划法、固体废弃物管理条例、建设工程建设许可条例等,在开采工程实施之前,应当咨询国家和地方的相关部门,以便对某些特殊条款的要求有所了解。

（5）调查污泥资源化利用的途径、技术及政策保证。调查当地或附近区域内污泥资源化回收及生产企业的规模、产品销售、利润等资料,以及国家和当地政府对这些企业在财税、销售等方面所给予的优惠政策和支持措施。

### 5.1.2.3　开采人员的技术准则

（1）开采人员必须进行相关的培训,发培训结业证书,持证上岗。

（2）开采人员必须具备处理现场应急事故的能力。

### 5.1.2.4　污泥开采技术准则

（1）开采设备。由于污泥含水量大,开采设备在上面行走不平坦,应选用或开发开挖速度快,又能行走自如的新型设备。

（2）输送设备。开采深度较大的山谷形填埋场,或为了加快开采进度,应采用履带式传送带,快速转运开采污泥。

（3）分层开采。污泥开采必须分层开采,从上至下,逐层开采,以免造成滑坡和坍塌事故。

### 5.1.2.5　污泥开采的环境影响评价

对污泥开采现场必须进行环境影响评价,其准则为:

（1）熟悉和分析国家和当地的规范、标准及文件。

（2）确定填埋场开采的环境影响评价因子,如颗粒物、有毒有害气体、易燃易爆气体,如甲烷、二氧化碳,硫化氢或其他有毒有害或具有恶臭的气体、噪声等。

（3）确定填埋场开采的环境敏感因素,如饮用水源的地表水、地下水、珍贵野生动植物、居民等。

（4）风险分析,如流行疾病、暴风雨情况、开挖堆体坍塌、滑坡、防渗层的破坏,山体滑坡、坍塌等风险事故。

（5）编制相应等级的环境影响评价报告或报告书。

### 5.1.2.6　污泥开采安全及环境保护措施准则

污泥开采应对安全和环境保护措施作出规定,其准则为:

（1）需要控制填埋场气体和臭味的产生。填埋单元的开采会产生许多和气体释放有关的潜在问题,如污泥降解产生的甲烷和其他气体可能会导致爆炸和火灾,极其易燃并且有臭味的硫化氢气体,一旦吸入足够浓度,就会对人的生命构成威胁。

（2）需要控制沉降和塌方。填埋场某个区域的开采可能会破坏邻近填埋单元的完整性,从而导致邻近单元的不均匀沉降或沉陷,特别是对于那些山谷形填埋场,污泥分层填埋,如开挖方法不当,极易造成塌方或整体滑坡等安全事故,另外,山谷形填埋场还易引发山体滑坡和坍塌事故。

## 5.1.3　矿化污泥开采的程序

污泥开采时可能遇到两个方面的问题:

（1）生产工艺系统方面的选择、采掘、运输和排土等;

（2）生产环节方面的作业效率、开拓运输系统的设置等。

为便于解决可能遇到的这两方面问题，开采应按一定的顺序进行，开采步骤如下：

（1）地面处理　矿化污泥开采首先需要在开采范围内清理地面树木、杂草和人工的构筑物等，然后剥离污泥填埋单元表面的覆盖土。

（2）填埋单元的疏干和排水　当开采单元地下水位高时，要疏干地下水。疏干方法为开挖沟渠，结合潜污泵抽排；为防止地表水流入开采场地，应在开采外围修筑地面截水沟。

（3）基本建设　建立运输路线和工作通道，设立排土场，可能还需要建造其他与生产有关的构筑物或设施。

（4）日常生产　日常生产工作的主要环节有：

1）污泥的采掘和装载，即采装环节。采装工作是利用机械设备来挖取松软的污泥并且装入运输车里或直接运输到指定地点的作业过程。一般采装的主要机械设备有挖掘机、铲运机和推土机等，其中，挖掘机最为常用。

2）污泥的运输。运输是指把污泥从工作面采装后运往指定的卸载地点。短距离的污泥运输主要靠铲运机，长距离的运输主要靠自卸汽车。

3）污泥的卸载与堆放。

对以上四个步骤，最初阶段要按先后顺序进行，之后阶段可同时进行，但要保持在空间上超前。

### 5.1.4　矿化污泥开采的要素

当填埋单元的污泥比较厚时，污泥可被划分为具有一定高度的多个水平分层。由上至下逐层开采，上层总要保持一定的超前宽度。从空间看，开采的所有水平层即构成台阶。

台阶主要组成有（如图5-1所示）：

（1）台阶上部平盘（上盘）——台阶的上部水平面；

（2）台阶下部平盘（下盘）——台阶的下部水平面；

（3）台阶坡面——朝向采空区的台阶倾斜面；

（4）台阶坡面角 $\alpha$——台阶坡面与水平面所成的交角；

（5）台阶坡顶线——台阶上部平盘与坡面的交线；

（6）台阶坡底线——台阶下部平盘与坡面的交线；

（7）台阶高度 $h$——台阶上部平盘和下部平盘的垂直距离。

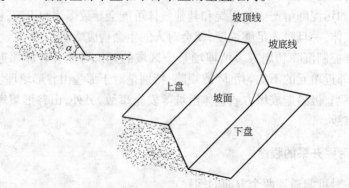

图5-1　矿化污泥开采台阶的组成示意图

## 5.2 矿化污泥的主要性质

新开挖的矿化污泥散发出新翻泥土的气息,没有异味,不包含任何大块状物质,质地均匀,渗透性能良好。与矿化垃圾相比,矿化污泥的开采不需要筛分,没有塑料等物质的出现,也没有其他大块不可用物质需要重新填埋,总体上说,其利用率较高。矿化污泥经开采后,在进行利用前,必须了解每一部分的特性。以上海老港填埋场填埋5年的污泥为例,对矿化污泥的主要性质作初步介绍。

### 5.2.1 矿化污泥的物理性质

矿化污泥的物理性质如表5-1所示。

表5-1 矿化污泥的物理性质

| 土壤容重 $\rho_b/g \cdot cm^{-3}$ | 0.84 |
|---|---|
| 土粒密度 $\rho/g \cdot cm^{-3}$ | 1.99 |
| 孔隙度/% | 57.89 |
| 含水率/% | 54.73 |
| 气 味 | 无臭味 |
| 外观物理性状描述 | 颗粒较均匀,少许团聚体和粒状物指可捻碎,碎玻璃、碎石头等含量很少,有土质感 |

#### 5.2.1.1 含水率

污泥中所含水分的质量与污泥总质量之比的分数称为污泥含水率。污泥中水的存在形式主要有三种:空隙水,颗粒间隙中的游离水,约占污泥总重的70%;毛细水,是在高度密集的细小污泥颗粒周围的水,由毛细管现象而形成的,约占20%;颗粒表面吸附水和内部结合水,约占10%。表面吸附水是在污泥颗粒表面附着的水分,其附着力较强,常在胶体状颗粒、生物污泥等固体表面上出现;内部结合水,是污泥颗粒内部结合的水分,如生物污泥中细胞内部水分,无机污泥中金属化合物所带的结晶水等。污泥的含水率在污泥的稳定化过程研究中具有重要的指导意义。

新鲜脱水污泥的含水率一般为80%~85%,呈塑态,这部分水分主要以吸附水和内部结合水的形式存在。这种污泥经过数年的填埋后(具体的时间要根据填埋污泥的性质、填埋地区的气候、降雨量、温度情况来定,我国南方地区一般3~5年,北方地区需要的年限要长一些),污泥达到一定的矿化程度,含水率降至50%以下,呈固态。污泥含水率由80%降至50%,表明大约有75%的水分可以在矿化过程中得到去除,剩余25%的水分主要是细胞内部结合水。

#### 5.2.1.2 密度、容重和孔隙度

矿化污泥密度指单位体积矿化污泥的质量;容重系指单位容积原状矿化污泥干土的质量;孔隙度是单位容积矿化污泥中孔隙所占的百分率。密度、容重和孔隙度是反映矿化污泥固体颗粒和孔隙状况最基本的参数,密度反映了矿化污泥固体颗粒的性质,密度的大小与矿化污泥中矿物质的组成和有机质的数量有关;容重综合反映了固体颗粒和孔隙的状况,一般讲,容重小,表明矿化污泥比较疏松,孔隙多,反之,容重大,表明矿化污泥比较紧实,结构性差,孔隙少。

### 5.2.1.3　表观和微观表征

新鲜污泥一般呈黑色,黏稠;而矿化污泥表观结构类似于壤土,质地较疏松且均匀,如图5-2所示。

图5-2　矿化污泥的表观结构

为了更好地观察和解释矿化污泥的微观结构,对污泥进行了电镜扫描测试,如图5-3所示。矿化污泥呈团聚体团状结构,这种结构特点随着电镜拍摄倍数的增加越加明显;矿化污泥团聚体之间有很多空隙,这些微孔为微生物的生长繁殖、渗滤液污染物质的吸附、污染物质与微生物的接触提供了一个很大的平台。

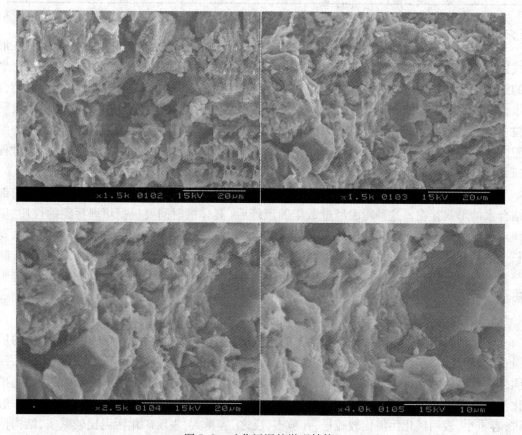

图5-3　矿化污泥的微观结构

#### 5.2.1.4　气味

新鲜污泥往往散发出令人难以忍受的恶臭,长期露天放置,容易招致和滋生大量的苍蝇和蚊虫,极不卫生。经填埋数年后的污泥,没有臭味,且散发出类似泥土的气息,露天放置不会招致和滋生蚊蝇,卫生程度大大改善。

### 5.2.2　矿化污泥的化学性质

#### 5.2.2.1　矿化污泥的化学性质

矿化污泥与部分普通土壤的化学性质对比见表5-2。

表5-2　矿化污泥与部分土壤的化学性质比较

| 化学性质 | pH 值 | 有机质 /g·kg$^{-1}$ | 电导率 /μS·cm$^{-1}$ | TN /g·kg$^{-1}$ | TP /g·kg$^{-1}$ | TK /g·kg$^{-1}$ |
|---|---|---|---|---|---|---|
| 矿化污泥 | 7.38 | 95.6 | 222 | 11.31 | 5.12 | 12.6 |
| 矿化垃圾 | 7.8 | 102.5 | 763.3 | 4.68 | 7.25 | 8.68 |
| 灰钙土 | 8.7 | 17.3 | 245.2 | 1.01 | 0.43 | 0.87 |
| 草甸褐土 | 7.8 | 23.5 | 334.5 | 0.84 | 1.28 | 0.98 |
| 红　壤 | 5.2 | 11.2 | 189.1 | 1.25 | 0.98 | 1.32 |
| 黑　土 | 6.9 | 27.6 | 236.8 | 0.66 | 1.92 | 0.84 |

注:总氮 TN,以 N 计;总磷 TP,以 $P_2O_5$ 计;总钾 TK,以 $K_2O$ 计。

#### 5.2.2.2　矿化污泥微生物性质

矿化污泥主要是污水处理厂污泥经过数年填埋后的产物,污水处理厂的新鲜污泥本身就含有大量的微生物,在3~5年的填埋期限内,其中的微生物利用污泥基质中的营养物质,不断繁殖驯化,最终存活下来的微生物群落必定是具有很强耐受能力的菌种。

矿化污泥上附着有数量庞大、种类繁多、代谢能力极强的微生物群落,如细菌、真菌、放线菌及原生动物等,其中细菌含量最高。矿化污泥中细菌的种类有几百种之多,其生理生化作用也极其复杂多样,如好氧菌、兼性厌氧菌、厌氧发酵性细菌、产甲烷细菌、专性厌氧产氢和产乙酸细菌等。这些细菌在新鲜污泥的矿化、污染物质的降解、营养物质的循环等生理生化过程中起着不可替代的作用。

表5-3表明了矿化污泥中细菌数量丰富,污泥长期处于厌氧状态,厌氧菌大量繁殖,好氧菌数量较少。

表5-3　矿化污泥细菌总数及主要菌种的数量

| 细菌类型 | 好氧菌 | 厌氧菌 | 大肠杆菌 | 总细菌数 |
|---|---|---|---|---|
| 单位质量干垃圾的细菌总数/个·g$^{-1}$ | $1.61 \times 10^4$ | $1.14 \times 10^6$ | $4.12 \times 10^3$ | $1.69 \times 10^6$ |

#### 5.2.2.3　矿化污泥重金属全量分析

矿化污泥重金属的全量分析对研究矿化污泥的重新资源化利用和利用途径的选择有重要意义。表5-4列出了矿化污泥中主要重金属的全量分析,可以发现只有金属 Zn 超过了农用污泥中污染物控制标准(GB 4248—1984)。

表5-4　矿化污泥主要重金属全量分析　　　　　　mg/kg

| 重金属元素 | As | Pb | Cr | Cd | Ni | Cu | Zn | Hg |
|---|---|---|---|---|---|---|---|---|
| 矿化污泥 | 59.6 | 386.9 | 268.0 | 7.44 | 81.7 | 415.3 | 4184.6 | 6.0 |
| 污泥农用标准(碱性) | 75 | 1000 | 1000 | 20 | 200 | 500 | 1000 | 15 |

### 5.2.2.4　矿化污泥重金属的浸出毒性分析

矿化污泥主要重金属的全量分析表明其含量普遍偏高,在资源化利用过程中,其中的有害成分可能会发生转移导致二次污染,因此,对其进行重金属的浸出毒性分析很有必要。

矿化污泥主要重金属浸出毒性实验结果(如表5-5所示)显示,矿化污泥重金属总量虽然较高,但浸出毒性较小,所以考虑将其资源化利用引发二次污染的可能性较小。

表5-5　矿化污泥中主要重金属的浸出毒性分析　　　　　　mg/kg

| 重金属元素 | As | Pb | Cr | Cd | Ni | Cu | Zn | Hg |
|---|---|---|---|---|---|---|---|---|
| 矿化污泥 | 0.38 | 0.3 | 2.1 | 未检出 | 未检出 | 未检出 | 17.1 | 0.04 |

## 5.3　矿化污泥作为有机肥种植绿化植物

填埋场污泥在达到一定的稳定化程度后,可进行开采,用于园林绿化用土或土壤改良剂,这就要求稳定后的污泥不应该对花草苗木等植物产生毒性,即不应影响种子的正常发芽和生长。CJ 248—2007《城镇污水处理厂污泥处置　园林绿化用泥质》规定污泥园林绿化时,其种子发芽指数应大于60%,因此,对污泥稳定化过程中污泥的植物毒性进行监测,了解污泥的植物毒性随填埋时间的发展变化,确定污泥不再具有植物毒性的必要的填埋稳定化时间,对于确定污泥资源化利用的安全性和指导填埋场矿化污泥的开采实践具有重要意义。种子发芽实验是测定堆肥植物毒性的一种直接而又快速的方法。这种方法可用来研究污泥稳定化过程中污泥对种子发芽的影响,从而揭示污泥的植物毒性在稳定化过程中的变化规律,确定污泥能够满足园林绿化等资源化利用途径的必要的填埋稳定化时间,为矿化污泥的安全合理应用提供重要的参考和依据。

朱英以大麦种子和白菜种子的种子发芽来研究稳定化过程中污泥对植物毒性的影响,结果显示稳定化程度最低的污泥的提取液对两种种子的发芽率的抑制效果最大,随填埋时间增加,大麦和白菜种子发芽率分别从55%和90%增加到填埋500天时的90%和95%;发芽指数分别从13.8%和18.7%增加到71.6%和76.5%。大麦和白菜种子在污泥填埋500天时的发芽指数都超过60%,所以该污泥可以直接用于园林绿化。有机废物产生的植物毒性效应是几个因素综合作用的结果,包括重金属、氨氮、盐类和低相对分子质量的有机酸等,由此说明了矿化程度较低的污泥中,重金属、氨氮、盐类和低相对分子质量的有机酸等有较强的植物毒性效应。

## 5.4　矿化污泥生物反应床处理填埋场渗滤液

### 5.4.1　填埋场渗滤液的主要性质

渗滤液中污染物主要有以下三个来源:填埋物质本身含有的大量可溶性有机物、无机物在雨水、地表水或地下水的浸入过程中溶解而进入渗滤液;填埋物质通过生物、化学、物理作用产生的可溶性物质进入渗滤液;覆土和周围土壤中的可溶性物质进入渗滤液。

渗滤液的组成受填埋成分、当地气候、场地水文地质、填埋时间和填埋方式等因素的影响而变化显著。垃圾填埋场渗滤液和污泥填埋场渗滤液的典型组成如表5-6和表5-7所示。两种渗滤液主要有以下几个特征:新鲜渗滤液为深黑色;色度高,有臭味;渗滤液水质水量随时间变化大;COD和BOD浓度都很高,但是随着填埋时间的延长,BOD/COD值甚至低于0.1,说明稳定期和老龄渗滤液的可生化性较差;氨氮含量高,总氮主要以氨氮的形式存在;重金属含量总体较少,渗滤液中的金属离子含量远低于垃圾和污泥中的金属离子含量。

**表5-6 垃圾填埋场渗滤液的典型组成** mg/L

| 项 目 | 变化范围 | 项 目 | 变化范围 | 项 目 | 变化范围 |
|---|---|---|---|---|---|
| 颜 色 | 黄褐色~黑色 | $NH_4^+-N$ | 200~5000 | Fe | 10~600 |
| 嗅 味 | 恶臭、略有氨味 | $NO_3^--N$ | 5~240 | Cu | 0.1~1.43 |
| 色 度 | 500~10000倍 | $NO_2^--N$ | 0.5~20 | Pb | 0.05~12.3 |
| pH值 | 4.0~8.5 | TN | 400~3000 | Zn | 0.2~13.48 |
| COD | 3000~45000 | TP | 0.5~30 | Cr | 0.01~2.61 |
| $BOD_5$ | 1000~38000 | Ni | 0.01~6.1 | Hg | 0~0.032 |
| TOC | 1500~40000 | Cd | 0~0.13 | As | 0.01~0.5 |

**表5-7 污泥填埋渗滤液的典型组成** mg/L

| 项 目 | 变化范围 | 项 目 | 变化范围 | 项 目 | 变化范围 |
|---|---|---|---|---|---|
| 颜 色 | 黄褐色~黑色 | $NH_4^+-N$ | 500~2500 | Fe | 1.0~5.0 |
| 嗅 味 | 恶臭、略有氨味 | $NO_3^--N$ | 50~200 | Cu | 3~5.2 |
| 色 度 | 500~10000倍 | $NO_2^--N$ | 0~5 | Pb | 0.04~0.26 |
| pH值 | 6.5~8.7 | TN | 1000~3000 | Zn | 5~13.0 |
| COD | 2000~45000 | TP | 0.5~60 | Cr | 0~0.02 |
| $BOD_5$ | 1000~25000 | Ni | 0~1.0 | Hg | 0~0.03 |
| TOC | 500~9000 | Cd | 0~0.03 | As | 0~0.02 |

### 5.4.2 传统污水处理方法处理填埋场渗滤液的可行性

污泥渗滤液与垃圾渗滤液有着较为相似的特点,都存在着COD含量高,氨氮含量高的处理难题。国内外关于垃圾渗滤液处理技术的研究已有多年,处理方法主要有物化处理、生化处理、土地处理等。因对污泥填埋场渗滤液进行处理的研究以及工程实例相对很少,所以在寻求探讨污泥填埋场渗滤液的处理方法时,可以参照垃圾渗滤液的处理方法进行优化选择。对传统的污水处理法及其处理渗滤液的可行性讨论如下。

#### 5.4.2.1 物化法

物化法主要有活性炭吸附、化学沉淀、化学氧化、化学还原、离子交换、反渗透、电渗析等多种方法。在COD为2000~4000 mg/L时,物化方法的COD去除率可达50%~87%。和生物处理相比,物化处理不受水质水量变动的影响,出水水质比较稳定,尤其是对BOD/COD比值(0.07~0.2)较小的难以生物处理的垃圾渗滤液,有较好的处理效果,但物化方法处理成本较高。在实际应用中,物化处理方法一般作为预处理或是与其他工艺联用。

### 5.4.2.2　生物处理法

**A　厌氧生物处理**

厌氧生物处理方法有厌氧生物滤池、厌氧接触池、上流式厌氧污泥床反应器及分段厌氧硝化等。与好氧法相比,厌氧生物处理有许多优点,如能耗少、操作简单,投资和运行费用低,产泥量少。对许多在好氧条件下难以处理的高分子有机物,在厌氧时可以被生物降解。但是,厌氧处理受温度和季节影响大,对 pH 值要求比较严格,且单独靠厌氧处理出水中的COD 浓度和氨氮浓度仍比较高,不能达到国家排放标准。我国在垃圾渗滤液处理的试验和工程中,多采用厌氧滤池或 UASB 工艺作为预处理单元。

**B　好氧生物处理**

好氧处理法包括曝气氧化池、好氧稳定塘、生物转盘和滴滤池等。这些处理方法可有效降解 BOD、COD 和氨氮,尤其适合高 BOD 的渗滤液处理。近年来,各种垃圾渗滤液生物处理技术不断涌现,取得了较好的效果,但好氧生物处理仍然存在一定问题。如好氧工艺的活性污泥法处理效果受温度影响较大,而稳定塘水力停留时间长、占地面积大且处理效果随季节变化较大,尤其对于稳定期渗滤液和老龄渗滤液,由于所含的可降解有机物减少,难降解的小分子有机物增多,用传统的好氧处理工艺难以达到好的处理效果。

**C　厌氧与好氧相结合的处理工艺**

在实际工程应用中,往往采用厌氧和好氧相结合的组合工艺。厌氧-好氧处理垃圾渗滤液在我国已有很多工程实例,如福州红庙岭垃圾卫生填埋场采用 UASB-奥贝尔氧化沟-稳定塘工艺,垃圾渗滤液 COD 为 8000 mg/L,BOD 为 5500 mg/L,COD、BOD 去除率分别为 95% 和 97%;贵阳市高雁生活垃圾卫生填埋场采用 UASB-A/O 生物膜接触氧化池-沉淀-消毒工艺,进水渗滤液 COD 为 1500~3000 mg/L,BOD 为 700~1500 mg/L,氨氮为 250~400 mg/L,出水 COD、BOD 和氨氮的去除率分别为 90%~93.3%,97.3%~98.7% 和 90%~93.8%。

在填埋场封闭前,一般渗滤液浓度高且较难处理,即使采用厌氧-好氧生物处理工艺也难以达到排放标准;另外,由于垃圾渗滤液水质与一般污水有较大差异,且不稳定,所以一般情况下,单纯的生物处理技术难以满足排放标准的要求。我国大部分填埋场均采取了“物化预处理(混凝沉淀、氨氮吹脱、化学氧化等)+ 生物主体处理(厌氧、缺氧、好氧等)+ 物化深度处理(吸附、反渗透、催化氧化等)”的组合工艺,出水排入江河或市政管网。但修建专用的渗滤液处理厂投资大,运行管理费用高,而且随着填埋场的关闭,最终使水处理设施报废,故应慎重选用。

生物法是渗滤液处理中最常用的一种方法,由于它的运行处理费用相对物化法低,有机物被微生物降解主要生成二氧化碳、水、甲烷以及微生物的生物体等对环境影响较小的物质(甲烷气体可作为能量回收),不会出现化学污泥造成二次污染的问题,所以被世界各国广泛采用。生物法处理渗滤水的难点是氨氮的去除。

### 5.4.2.3　人工湿地法

人工湿地法主要通过土壤颗粒的过滤、离子交换吸附和沉淀等作用去除渗滤液中的悬浮固体和溶解成分,通过土壤中的微生物作用使渗滤液中的有机物和氮发生转化,通过蒸发作用减少渗滤液中的蒸发量。在国内外,人工湿地广泛应用于处理各种市政、工业和农业污水,对于垃圾渗滤液的处理在国内还比较少。

人工湿地具有独特的植物—基质—微生物系统,融合了自然净化和生物膜法的特点。废水流经湿地床时,大量的悬浮固体被填料和植物根系截留,其他污染物则通过生物膜的生物降解与植物的吸收等作用而被去除。所以,人工湿地对有机物和氨氮的去除主要是通过湿地床的截留吸附和生物降解作用实现的。由于植物在人工湿地处理系统中发挥着重大作用,在选择人工湿地植物时,应选择适宜本地生长的耐污、净化能力强、观赏价值高的品种。人工湿地用于垃圾渗滤液的处理,对渗滤液水质水量的变化具有良好的适应能力,具有建设和运行费用低、设备简单、易于维护等优点,在近几年得到了一定的应用。人工湿地对处理生化性能较差的老龄渗滤液也具有较好的处理效果。但其占地面积大,处理负荷低,一般不适宜处理新鲜的高浓度渗滤液,但可作为渗滤液深度处理的方法,也可对封场后的渗滤液进行处理。

### 5.4.3 矿化污泥生物反应床处理填埋场渗滤液

矿化污泥自身的形成过程造成了其特殊的物理结构和化学性质,这一结构和性质又为微生物的生长繁殖提供了便利条件。矿化污泥表观类似于土壤、质地均匀疏松、微观上为多孔结构、没有臭味,矿化污泥营养丰富,用作污水处理基质时,能提供良好的吸附交换环境和微生物生存条件;矿化污泥含有大量微生物,这些微生物种群都经过长期的自然驯化,具有很强的耐受能力,这是传统的生物工艺无法比拟的优点。

#### 5.4.3.1 渗滤液回灌到污泥填埋场的可行性

参照生活垃圾填埋场渗滤液的回灌处理技术,对污泥填埋场渗滤液进行回灌实验,发现污泥填埋场内实行渗滤液回灌技术行不通。因为污泥渗滤液含有较多的细小悬浮颗粒,在回灌到矿化污泥填埋场内时,很容易发生堵塞,导致渗滤液的处理不能继续进行。

#### 5.4.3.2 矿化污泥改性后处理填埋场渗滤液

考虑到渗滤液的多变性,其悬浮物质的含量随着季节会有所变化,高浓度的悬浮物容易造成矿化污泥填料的堵塞,可通过添加粉煤灰对矿化污泥进行改性。粉煤灰作为发电厂的一种副产物,是一种潜在的可利用资源。粉煤灰具有很好的渗透性和孔隙度、黏结性小,是一种优良的改性材料。粉煤灰的加入,一方面要改善矿化污泥的渗透性,另一方面又不能影响矿化污泥对渗滤液的处理效果。一级矿化污泥生物反应器和二级矿化污泥生物反应器示意图见图5-4和图5-5。以处理垃圾填埋场渗滤液为例,其运行效果如下。

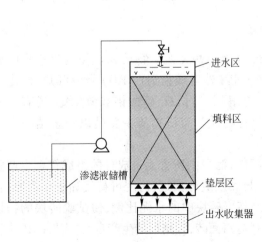

图5-4 一级矿化污泥生物反应器示意图

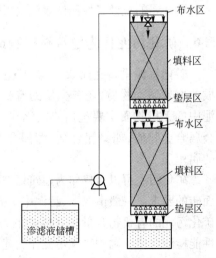

图5-5 二级矿化污泥生物反应器示意图

A　一级矿化污泥生物反应器的运行

矿化污泥作为生物填料,加入 8% ~ 16%(质量比)的粉煤灰以改善其渗透性。进水 COD 维持在 1500 mg/L 以下、填料单位体积负荷小于 40 L/(m³·d)时,出水的 COD 小于 300 mg/L、BOD 小于 15 mg/L、$NH_4^+$-N 浓度小于 25 mg/L。

B　二级矿化污泥生物反应器的运行

采用两级矿化污泥生物反应器处理污染物质浓度较高的渗滤液(1500 mg/L < COD < 5000 mg/L),在填料单位体积负荷为 40 L/(m³·d)时,出水 COD、$NH_4^+$-N 浓度满足国家二级排放标准。

## 5.5　矿化污泥作为土壤改良剂改良土壤

### 5.5.1　适宜的有机质含量

适宜的有机质能改善土壤的孔隙度、通气性和结构性,有显著的缓冲作用和持水力。但新鲜污泥中有机物含量较高,而且不稳定,当施入土壤中时,会不断发生降解,破坏土壤系统原有的平衡。在经过稳定化后的矿化污泥中,有机物主要以腐殖质形式存在。在污泥厌氧稳定化过程中,一部分有机物经过矿化变成甲烷、二氧化碳、氨氮和水等,而另一部分转变成腐殖质。当稳定后或经过较好腐殖化的生物固体应用于比较贫瘠的土壤中时,会大大提高土壤的性质,增加肥效和作物的产量。而且,腐殖质会与杀虫剂相互作用加速杀虫剂的降解,与重金属离子相互作用从而影响重金属的迁移和植物对金属的吸收。而且,还能够调节土壤 pH 值,给植物生长提供营养元素。

### 5.5.2　丰富的营养元素

矿化污泥的氮、磷、钾含量丰富(前面有关章节已给出数据),远高于土壤中各部分的相应含量,将矿化污泥用作土壤改良剂时,会大大增加土壤的肥效,有利于作物的生长。

### 5.5.3　重金属浸出毒性较小

重金属的浸处毒性测试表明,各重金属含量都较低,不会对土壤造成产生严重危害。

## 5.6　矿化污泥作为建筑材料制造路面砖

矿化污泥呈多孔团状结构,其主要组成部分为一些无机矿物质和在稳定化过程中形成的腐殖质类物质,还有少量的有机单体。通过红外射线衍射(XRD)分析可知,矿化污泥中的无机物质主要包括二氧化硅、硫化硅、方解石、钙长石、磷酸铝和溴化锶,还有一些金属合金物质,如锗铌合金、镓锂合金等十几种物质。有机物质主要是以复杂结构存在的腐殖质。

矿化污泥可以直接作为建筑材料制造路面砖,污泥中所含无机成分的组成符合生产路面砖的要求。一般情况下,污泥中灰分的成分与黏土成分接近,污泥可替代黏土作为原料。矿化污泥的有机物含量在 10% 左右,这大大提高了砖块中的水泥比例,使试验砖块的物理性能检测合格。利用矿化污泥作为建筑材料制造路面砖,因路面砖生产量大,需要的矿化污泥量多,有利于矿化污泥的消纳。

在污泥建材利用中,还应考虑其他污染物,如放射性污染物、有机污染物等。放射性污染物可根据 GB 6763—1986《建筑材料用工业废渣放射性物质限制标准》执行。由于污泥制造建材的过程中,常需进行高温处理,按日本有关方面研究,高温处理时产生的有机污染物如二恶英等含量很低,基本上可不予考虑。污泥中重金属含量普遍偏高,若采用欧盟标准,大部分污水处理厂的污泥不能进行建材化利用,但是,从目前其他国家建材中有毒有害物质的浸滤效果看,污泥制作成建材的安全性比较高。

# 6 填埋场现场运行管理

## 6.1 污泥填埋主要设备配置

污泥填埋过程中需要配置的作业设备大致应包括密闭式运载卡车、筛分设备、搅拌混合机、挖掘机、推土机、压实机和大型翻堆机等设备。

### 6.1.1 密闭式运载卡车

根据城市市容环境管理相关条例,在城市主干道路上撒漏建筑垃圾、渣土的行为将处以不同程度的罚款。由于污泥较建筑垃圾等物质更具有污染性,因此,其运输也必须参考渣土运输的相关规定,采用密闭式运载卡车运输。

### 6.1.2 筛分设备

筛分设备主要用于矿化垃圾粗细颗粒的分离,即利用各种筛子将矿化垃圾中小于筛孔的细粒部分透过筛面,而大于筛孔的塑料袋、石块等粗粒部分留在筛面上,从而达到分选的目的。

滚筒筛是用于矿化垃圾分选的常见筛分设备。滚筒筛为一个缓慢旋转(一般转速控制在 $10 \sim 15$ r/min)的圆柱形筛分面,以筛筒轴线倾角为 $3° \sim 5°$ 安装。筛分时,矿化垃圾由筛筒稍高一端供入,随即被旋转的筛筒带起,当达到一定高度后因重力作用自行落下,如此不断地起落运动,使小于筛孔尺寸的矿化垃圾细颗粒最终穿过筛孔而透筛,而筛面上的粗物料则逐渐移至筛筒的另一端排出。滚筒筛倾斜角度决定了物料轴向运行速度,而垂直于筒轴的物料行为则由转速决定。

矿化垃圾组合筛碎机是在滚筒筛的基础上根据矿化垃圾特性设计的专用筛分设备,能把矿化垃圾根据需要分成细、中、粗等不同粒径的物料,并能把中料加以破碎成细料。矿化垃圾组合筛碎机主要由筒筛、清孔装置、破碎机、机架等部件组成。筒筛为双层不同孔径的筛网——细孔的外层和粗孔的内层,细料经细筛筛出后由出料斗送出,中料由细筛的下口到中料受料斗再由给料装置送入破碎机打成细料。清孔装置和破碎机则分别用于细筛的清刷任务和中料的破碎任务。

滚筒筛和矿化垃圾组合筛碎机的筛分效果可以满足矿化垃圾的分选要求,但它们的筛分效率都太低,而且尚不能实现完全的自动化,需要大量人工的参与。芬兰生产的 ALLU 三轴前端装载筛分斗是一种新兴的移动式筛分设备,它只需安装在相应规格的挖掘机前端(替代挖掘机本身的挖斗),通过挖掘机液态动力的传递即可迅速完成挖掘、筛分、破碎全部过程,筛分效率高,而且特别适合于移动场合的作业,这对于在面积巨大的填埋场挖掘、分选矿化垃圾是非常有利的。此外,ALLU 前端装载筛分斗只需要挖掘机司机一人即可完成筛分作业,非常节省人力资源,这对提高筛分作业的经济性、降低矿化垃圾的分选成本也有积极的意义,所以提倡在填埋场采用这种筛分方法。

### 6.1.3 搅拌混合机

污泥和矿化垃圾的混合效果是降低矿化垃圾的掺入比例,提高工程性应用方案经济性的关键。由于目前还没有开发专用的搅拌设备,可考虑暂时采用常用的水泥搅拌机替代。但水泥搅拌机一般处理规模较小,每次最大搅拌量一般不超过 1 t,相对于每天上千吨的污泥产生量,处理效率太低。同时,污泥与水泥相比还具有容易黏结成团、不易分散的特点,水泥搅拌机可能也并不非常适合作为污泥和矿化垃圾的混合搅拌设备。

### 6.1.4 挖掘机

挖掘机主要用于矿化垃圾的开挖、矿化垃圾与污泥混合后的铺设等工作。在缺乏合适的搅拌混合机的情况下,也可考虑采用挖掘机替代搅拌混合机进行矿化垃圾和污泥的搅拌、均匀混合等任务;而在缺乏压实设备的情况下,还可使用挖掘机替代压实机进行压实作业。

挖掘机根据功能的不同可分为履带式挖掘机和前铲挖掘机,其中前者更适合于填埋场现场作业的要求。挖掘机装有柴油发动机和液压系统,液压系统控制着挖掘臂和铲斗的运动,挖掘循环由装料、装载抖动、移料和卸料四个阶段组成。

### 6.1.5 推土机

推土机用于将改性污泥在相对短的距离内从填埋场一处向另一处搬运或推铺,并使其平整。选择推土机的要点是:推土机接地压力要适当,使推土机能在污泥上和日覆盖材料上不下陷;推土机功率要合适,能在填埋场正常作业。如根据老港填埋场作业机械的最大对地压力为 $5.4 \times 10^4$ Pa 来选择矿化垃圾和污泥混合的最小比例,因此,若填埋场作业机械的对地压力超过了这个最大值,则矿化垃圾的最小掺入比例需要提高。

常用的推土机是履带式推土机,它的履带有多种常见标准,如 457 mm、508 mm、559 mm 和 610 mm。履带必须有足够的高度,以防止可能出现的滑坡。推土机通过与矿化垃圾 – 污泥表面的接触对其产生压力,但履带式推土机的接地压力较小,因此应用于垃圾作业时压实效果并不好。但矿化垃圾 – 污泥进行填埋时并不需要太大的压力即可压实,且太大的对地压力反而可能造成流变现象的发生,履带式推土机适合进行改性污泥填埋铺设之初的搬运和平整工作。

### 6.1.6 压实机

压实机主要用于填埋改性污泥后的压实作业。由于高含水率的污泥一般难以承受压实机的荷载,而污泥达到最大压实效果的最适宜含水率一般在 50% 左右,因此建议在污泥填埋后的 1~4 天后进行,夏季晴天取小值,冬季晴天取小值,覆盖后若遇到雨天则根据实际情况选择压实机,目的是既能压实改性污泥以节省库容,又保证改性后污泥能安全承载压实机,不发生滑坡等危险。压实机往返作业的次数以 2~4 次为宜,继续压实的效果不会太明显。

填埋场常用的压实机有钢轮压实机、羊角压实机、充气轮胎压实机等多种类型,其中羊角压实机应该更适用于矿化垃圾 – 污泥日覆盖材料的压实作业。这是因为从现场试验的观察来看,即使在推土机平整推铺的作用下,矿化垃圾－污泥混合物仍难以达到与黏土同样的平整效果,表面常常呈现不规则的性状,而羊角压实机更适合于这种情况的作业。

### 6.1.7　翻堆机

翻堆机主要应用于矿化垃圾与污泥混合后的翻堆稳定化过程,目的是为物料提供氧气,防止厌氧情况的发生,同时提高它们含水率下降的速度,使物料均匀。

常用的翻堆机一般可分为跨式翻堆机、侧式翻堆机和斗式装载机等三大类,其中跨式翻堆机较适合于矿化垃圾－污泥日覆盖材料的预处理过程。这种翻堆机一般直接行走在堆肥物料之中,最大宽度可达到 8～10 m,高度一般为 2.3～2.5 m。由于不需要专门的行走道路,使用这种翻堆机可以为堆肥场节省大量占地面积。这种翻堆机的工作原理为翻堆机下方两侧各设有一个螺旋向内的螺杆,它们可以将两侧的物料通过螺杆的传输作用移向翻堆中间,而中间的物料则由于两侧物料的推力从螺杆上方的空间涌出并被带往翻堆机两侧,从而达到混合与通风的目的。目前,常见的跨式翻堆机主要有芬兰的 ALLU 翻堆机,它的最大翻堆能力可以达到 6000 $m^3/h$。

## 6.2　填埋场设备使用与管理

设备使用和管理的好坏,对设备的技术状态和使用寿命有显著的影响。以往只提设备管理为生产服务,生产工人只顾使用设备,设备部门局限于修修补补,应付工艺的需要,然而,在气候条件恶劣而生产任务又繁重的时节,设备部门一般难以保证生产所需的设备数量和质量。为了不影响生产,只能组织加班加点的抢修,结果设备越修越差,常常处于被动的地位。因此,管理部门在强调对设备管理的同时,应对职工进行正确使用和精心保养、爱护设备的思想教育和培训,使员工养成自觉爱护设备的习惯和熟悉本设备的结构、性能以及电气等基本知识,使之具有较高的操作技术和保养水平。

### 6.2.1　坚持岗位责任制

实行定人、定机,凭操作证使用设备,严格贯彻执行有关的设备岗位责任制是做到合理使用、正确操作、及时维护保养设备的有效措施。设备使用人员应该做到上班前认真检查,按规定润滑,试运转后方可正式开车;下班后彻底清扫,物件摆放整齐,切断电源后方可离开。工作时要精神集中,设备运转时不能擅离工作岗位。对设备状态要认真记录并即时汇报,多班制作业和公用设备要坚持执行交接班制度,交接内容包括:生产任务、质量要求、设备状态和工卡量具等。对共同操作的设备,由班组长负责组织实施。

操作工人必须经过考试合格,发给操作证后方可允许独立使用设备。每考试合格一种设备就在操作证上作出一种相应的标记。对重点设备更应从严掌握,对其中的精密、大型设备的操作工要进行专门考试,并经管理部门审批后方能使用。

在各种设备的附近,特别是精密、大型设备的旁边应挂有操作规程;对那些一旦发生故障就有可能造成人身事故和重大损失危险的设备更应有明显的标记,不断提醒人们要严格遵守安全技术规程。

除上述要求外,操作工人应当做到"三好四会"(如表 6-1 所示),要使操作工人清楚地知道,做到"三好四会",是起码的要求和义不容辞的光荣职责,是管好设备的重要条件。

表6-1 "三好四会"详情

| 三好 | 管理好 | 认真保管自己所负责的设备，未经领导批准，不准别人随意动用，对设备及附件、仪表和润滑冷却、安全防护等装置要保持完整无缺，工具夹具、刀具也应齐全 |
|---|---|---|
| | 使用好 | 按操作规程使用设备，严禁精机粗用；合理选择切削用量，严禁超负荷使用；不准在运转中机械变速和用倒车挡刹车；不准戴手套操作和用脚踢手动开关；出现异常情况应及时停机检查，发生事故立即报告并保护好现场，配合有关人员查找原因、制定措施，不可隐情不报或私自处理 |
| | 保养好 | 按规定项目及时对设备进行维护保养，认真检查，合理润滑，并做好保养记录。经常向专职维护人员、部门设备员等有关人员反映设备的实际状态，为设备维修、改造提供积极建议和反馈信息 |
| 四会 | 会使用 | 努力学习设备知识，熟悉设备结构，掌握设备性能。对新设备和未操作过的设备更要努力学习，得到批准后方可使用 |
| | 会保养 | 掌握设备维护保养的技术知识，学会使用维护保养工具、仪表，按润滑图表加油润滑，确保设备运转正常，避免故障发生，减少停机时间，充分发挥设备效率 |
| | 会检查 | 充分认识经常检查设备的重要意义，熟悉各种检查方法，掌握各种检查技术，学会使用各种检查工具仪表，按规定项目认真检查，做好记录，并及时向有关部门或人员汇报检查结果 |
| | 会排除故障 | 能独自(或在专职维修人员指导下)处理在规章允许范围内可以处理的微小故障；能避免重大事故的发生，在事故发生后，能按有关规定保护现场，及时汇报 |

## 6.2.2 现场管理

设备现场管理是设备管理的一项重要工作，是目标与效果是否一致的重要体现，是使各类设备经常处在良好的技术状况下参加运行，从技术上确保安全生产的必要措施。因此，设备管理人员必须经常深入现场，抓好设备现场管理工作，加强对设备保养和使用的监督，以保证各类设备经常处于良好的技术状况中。现场管理的主要内容是检查出勤的设备是否符合参加作业的条件，并制止不符合条件的机械出勤；设备机貌清洁，无油污，无积灰，防护装置齐全，设备场地整洁有序，有设备性能、操作规程及定机定人牌，设备编号清晰，各类人员持证上岗，安全标志、各种消防设施齐全；检查一级保养是否按期执行，制止已到达保养期的设备不执行保养作业仍继续出勤的现象。

抽查例行保养和一级保养是否按作业范围和规范进行，以及质量检验制度执行情况，制止例行保养和一级保养草率从事的现象；检查交接班工作，并纠正不按制度进行交接班的现象；检查"运行日志"填写情况，督促操作工认真填写；检查操作工作业时，是否遵照"安全操作规程"、"操作技术规范"操作设备。

监督检查工作必须有计划地进行，除了不定期抽查之外，应订出每周的检查计划，保证每台设备每周被抽检不少于一次。设备管理员在履行监督检查职责时，必须认真负责、做好执行记录，对不符合制度规定的行为和现象必须制止，每周应作出设备运行情况的书面报告向领导汇报(或口头汇报)。

## 6.2.3 设备的分类管理

根据填埋场作业性质和要求，确定设备在作业中起的作用，按各类设备的重要性，对作业的成本、质量、安全维修性诸方面的影响程度与造成损坏的大小，将设备划分为A、B、C三类，实施分类管理(如表6-2所示)。

表 6-2　设备分类说明

| 设备类别 | 内　　容 | 备　　注 |
|---|---|---|
| A类 | 重点作业设备,一般占作业设备的10%左右,是重点管理和维修的对象 | (1) 关键工序的单一设备;<br>(2) 负荷高的作业专用设备;<br>(3) 故障停机对作业影响大的设备;<br>(4) 台时价高或购置价格高的设备;<br>(5) 无代用的设备;<br>(6) 对作业人员的安全及环境污染影响程度大的设备;<br>(7) 质量关键工序无代用的设备;<br>(8) 修理复杂程度高,备件供应困难的设备 |
| B类 | 主要作业设备,一般占设备的75%左右,是加强管理与计划维修的设备 | |
| C类 | 一般作业设备,一般占设备的15%左右,是事后修理的设备 | |

### 6.2.4　维修和保养

各种设备在正常使用中,有些零件或部件要相互摩擦和啮合,必然要产生磨损和疲劳,有些零部件因长期接触一种特殊气体或液体,要发生变形或腐蚀,机器设备这种客观的变化属于物理老化,称为有形损耗。相应的无形损耗是指设备的技术老化,需要由改造或更新来解决。当有形损耗达到一定程度后,就要影响设备的工作性能、精度和生产效率。为确保设备经常处于良好的工作状态和应有的工作能力和精度,充分发挥工作效率,延长其使用寿命,我们就应充分重视和做好日常维护保养和计划修理两项工作。

为做好这两项工作,我们必须贯彻"预防为主,养为基础,养修结合"的方针,避免对设备"重使用,轻保养"、"不坏不修"、"以修代保"、"以保代修"等现象,充分发挥设备操作者与专业维修人员两方面的积极性,执行强制保养和计划修理的原则,将设备的管理、使用、维修和更新改造有机地结合起来。贯彻"预防为主"的方针,就是加强设备的日常维护和保养工作,减少磨损,防患于未然。"养为基础"是贯穿预防为主的重要措施之一,其中检查是搞好日常保养和维修的关键,只有把检查工作认真抓好,才能及早发现问题,杜绝设备事故,杜绝因临时故障而影响正常生产的现象。"养修结合"有利于把操作工人与专业维修人员联系起来,把生产与维修的矛盾统一起来,体现了维修与生产一致的精神。

#### 6.2.4.1　维护保养的种类和内容

严格执行以预防为主的强制保养制度,可以保证机械设备经常处于良好的技术状况,使机械设备在使用中减少临时故障,防止机损事故,保证安全生产,使设备在运转过程中,燃润料消耗及零部件磨耗至最低浪费,延长修理间隔期及使用寿命。

计划预防保养制度的内容包括各种机械设备的保养级别,间隔期和停车日的规定;各级保养作业范围;各级保养工时与费用定额。

由于各种机械复杂程度不同,各种组合件、零件的工作性质不同,需要进行清洗、紧固、润滑、调整的周期有长短,因此,保养工作必须合理地分级进行,现分四级保养制和三级保养制两种,各单位根据不同情况可以合理安排。

四级保养制:例行保养,一级保养,二级保养和三级保养。

三级保养制:例行保养,一级保养和三级保养。

表6-3所示为不同等级保养的内容。

**表6-3 不同等级保养的内容**

| 保养等级 | 内 容 |
|---|---|
| 例行保养 | 由操作工或指定人员负责。主要在于维护机械的整洁,确保在每次工作中的正常运转和安全,其作业内容包括:作业前交接班和作业中的检视,作业后的打扫、清洁、充气、补给和消除工作中发现的一般故障或缺陷。作业重点在于整洁和检查 |
| 一级保养 | 属计划性维护保养,由操作工或指定人员负责。主要在于维护机械的完好技术状况,确保一个一保间隔期内机械的正常运行,其主要内容除执行例行保养作业项目外,还需进行各部位结构的检查和必要的紧固、润滑及消除所发现的故障。作业重点在于紧固和润滑 |
| 二级保养 | 是计划性维护保养工作,以专职维修工为主。主要在于保持机械各个总成、机构、零件具有良好的工作性能,确保一个二保间隔期内机械的正常运行,其主要内容,除执行一级保养作业项目外,还需比较全面地检查各个连接螺栓、螺帽的紧固情况。调整部分组合件的间隙及消除所发现的故障,作业重点在于检验和调整 |
| 三级保养 | 是计划性维护保养工作,以专职维修工为主。主要在于巩固和保持各个总成、组合件正常运行性能,延长大、中修间隔期,并从内部发现和消除机件的隐患及故障,其主要内容,除执行二级保养作业项目外,还需更深入的清洗,并按需要拆检部分总成和组合件的工作情况,进行必要的调整或校核。作业重点在于拆检和校核 |

### 6.2.4.2 维修的种类和内容

虽然执行了强制性保养计划,操作工人也严格遵守了操作规程,但不可能防止设备的正常磨损。因此,还要根据设备的正常磨损规律和实际使用情况,采取不同的积极预防性的组织措施和技术措施,有计划地修理和消除设备的不良状态和隐患,减少停歇,保持和延长设备的使用寿命,并逐步掌握机械的损坏规律,主动支配机械适时地进行修理,充分发挥设备的使用效能。

计划修理制度的内容有:

(1)各种机械的修理级别、间隔期和停车日的规定;

(2)各级修理的作业范围;

(3)各级修理工时与费用定额;

(4)确定提前或延期进行计划修理的技术鉴定;

(5)机械的送修技术装备及交接手续;

(6)机械修竣完工的验收;

(7)机械修竣完工后的保证。

当然,计划修理的计划制订,不同地方,针对不同设备可不尽相同,分类方法和工作内容也可能相差很大,这里着重介绍小修和大修。

A 小修

属维持性修理,要求对设备进行全面性的检查,清洗和调整、拆卸部分要检修的部分,修复与更换已磨损的易损件和不能正常使用到下次修理的各种零部件,修理局部几何精度,消除缺陷和隐患,确保使用到下次修理。

小修的目的主要是维持设备的完好标准,延长大修周期和使用寿命,并为下次计划修理的技术准备提供资料。

B　大修

属于恢复性修理,是工作量最大的一种计划修理,通过修理,恢复设备的动力性能,经济性能和机件紧固性能,以保证设备的完好和技术状况以及延长设备的使用寿命。大修要求全部拆卸、解体、清洗、修理基准零件,更换和修复全部磨损零件和部件,按计划要求做必要的改造。根据设备实际状态和生产特点,确定是恢复到原有精度、性能和生产效率,还是达到工艺要求。

由于设备大修的维修费用大,技术要求高,修理周期长。为保证大修的质量,提高经济效益,设备大修必须符合本设备大修的规定,主要依据是使用年限、规定的大修间隔里程(或装载吨位)及技术鉴定和使用情况。同时,设备大修必须经过严格的技术鉴定,防止提前送修,扩大修理类别而造成浪费。

设备大修要有责任制度,严把修理质量关。按照技术规范要求,加强零件的检验工作,对一些主要零件及组成应采取完善的修理工艺,或根据需要更换新件,不得勉强使用。大修后将主要修理情况记录在案,建立修理档案,作为设备大修考核依据。

C　设备管理部门对维修保养的管理

要建立使用、维修管理网络,明确各部门间的使用、维护、检修的职责。加强对各类机修人员的培训,提高他们的技术水平和实际工作能力,同时搞好机修设备的管理、使用、添置,不断提高加工水平和机修能力,逐步实行"工艺科学化、操作机械化、质量标准化、检验仪器化",保证设备检修任务的完成。修理部门的工作任务由设备管理部门制订计划。设备部门在抓好计划维修的同时,有责任检查、督促修理部门认真抓好全面质量管理,抓好修旧利废等节约工作。

设备维修应该全面推行定额管理,质量责任制度,机修人员做到及时、优质、安全地完成各项检修任务。设备部门对安全生产影响特别明显的设备,在计划检修的同时,必须实行点检、巡检并实行操作证制度。修理部门应做好登记统计工作,并及时向设备管理部门反馈记录的情况,以便设备部门搞好设备的履历填写工作。

本单位无能力维修保养的设备,由设备部门负责联系外修单位,并签订合同。设备外修结束后,由设备部门进行验收,办理移交使用手续。

## 6.3　填埋场环境保护工程与措施

污泥卫生填埋的最终目的是使污泥得到无害化处理,因此,在填埋场的建设和营运期间,应尽量不造成对周围环境的二次污染或对周围环境造成的污染不超过国家有关法律法令和现行标准允许的范围,并符合当地大气防护、水资源保护、环境生态保护及生态平衡的要求,不引起周边环境的污染,不危害公共卫生。为更有效真实地了解填埋场在营运期间周边环境的变化情况,填埋场地在填埋前应对水、大气、噪声、蝇类孳生等进行本底测定,填埋后亦应进行定期的污染监测。监测点位布置为:在污水调节池下游约 30 m、50 m 处设污染监测井,在填埋场两侧设污染扩散井,同时在填埋场上游设本底井。

### 6.3.1　水环境的保护措施

污泥填埋场在开始填埋后,由于地面水和地下水的流入、雨水的渗入和污泥本身的分解,会产生大量的渗滤液,其污染物主要产生于以下三个方面:(1)污泥本身含有水分及通过污泥的雨水溶解了大量的可溶性有机物和无机物;(2)污泥由于生物、化学、物理作用产生的可溶性生成物;(3)覆土和周围土壤中进入渗滤液的可溶性物质。这些渗滤液污染物浓度高、成分复杂、数量大,如果不加以妥善处理,将会直接或间接地对邻近地面水系或地下水系造成污染,为有效控制渗滤液对环境的影响,应采用设置防渗层、雨污分流工程措施、渗滤液收集和处理等措施。

### 6.3.1.1 防渗工程

为确保污泥填埋场产生的渗滤液不污染地表水及地下水,污泥填埋场的防渗工程应采用水平防渗和垂直防渗相结合的工艺,防渗层的渗透系数 $K$ 不大于 $10^{-7}$ cm/s,铺设坡度不小于2%。填埋场基底应为抗压的平稳层,不应因污泥分解沉陷而使场底变形。

#### A 水平防渗系统的构成

水平防渗的衬层系统通常从上至下可依次包括过滤层、排水层(包括渗滤液收集系统)、保护层和防渗层等。

防渗层的功能是通过铺设渗透性低的材料来防止渗滤液迁移到填埋区外部去,同时也可以防止外部的地下水进入填埋区内部。

保护层的功能是防止防渗层受到外界影响而被破坏,如石料或污泥对其上表面的刺穿,应力集中造成膜破损,黏土等矿物质受侵蚀等。

排水层的作用是及时将被阻隔的渗滤液排出,减轻对防渗层的压力,减少渗滤液的外渗可能性。

过滤层的作用是保护排水层,防止污泥在排水层中积聚,造成排水系统堵塞,使排水系统效率降低或失效。

根据以上几种功能的不同方式的组合,水平防渗的衬层系统可以分为单层衬层系统、复合衬层系统、双层衬层系统和多层衬层系统。

#### B 垂直防渗系统

垂直防渗的应用前提是下方存在满足技术标准要求的不透水层,一般要求构筑垂直防渗墙时,墙体能够深入上述不透水层内2 m,因此,垂直防渗的应用与否以及应用方式的选择还与不透水层的深浅和边界条件有关。

垂直防渗的使用由于经济性因素还要考虑地质地貌,国内已有的采用垂直防渗的填埋场(一般是山谷形填埋场),在地下水下游的谷口采取垂直防渗措施。垂直防渗在平原形填埋场也有使用,这时需要在填埋区的四周围筑一圈防渗墙。

在老的填埋场的整治工程中,如果不准备清除填埋废物,显然无法做到基础水平防渗,在这种情况下,垂直防渗系统就显得特别重要,即垂直防渗可以作为填埋场发生渗漏时的一种补救措施。

垂直防渗系统包括打入法施工的密封墙、工程开挖法施工的密封墙和土层改性法施工的密封墙等。

### 6.3.1.2 雨污分流工程措施

填埋作业时应合理控制工作面,采用分区填埋和作业单元与非作业单元的清污分流,减少污泥接收的降雨量,从而可大大减少渗滤液产量,并且保护地面水。

为尽可能减少流进污泥填埋场域的雨水量,从而达到污泥渗滤液的减量化,建议采取如下的雨污分流措施：

（1）在填埋场边界线外围设置截洪沟。

（2）划分成若干个填埋作业区域，作业区域之间通过修建土堤分隔，将正在作业区域产生的渗滤液和非作业区的雨水分开收集。

（3）正在填埋作业的区域内修建 1 m 高的矮土堤，将作业区与非作业区分隔开来，以进一步减少渗滤液量。

（4）填埋过程中，将较长时间不进行填埋作业的区域用厚约 35 cm 的土壤或塑料薄膜覆盖起来，将其表面产生的雨水收集起来单独排放掉。

（5）填埋场达到使用年限后，进行终场覆盖，顶面设置为斜坡式，以增大径流系数，在污泥平台上设置表面排水沟；排水沟以上汇水面多种草木，以防水土流失淤塞排水沟。同时，场地内种植绿化，以减少雨水转化为渗滤液的量，或设导流坝和顺水沟，将自然降水排出场外或进入蓄水池。

### 6.3.1.3　渗滤液收集

渗滤液收集系统通常由排水层、集水槽、多孔集水管、集水坑、提升管、潜水泵和集水池等组成。如果渗滤液能直接排入污水管，则集水池也可不要。所有这些组成部分都要按填埋场暴雨期间较大的渗滤液产出量设计，并保证该系统能长期运转而不遭到破坏。

污泥渗滤液一般通过设置在密封层之上的排水层或者通过敷设在防护层中的排水系统进行排水。设计排水层和排水系统时，可以考虑把传统式排水系统设置在防护层内，该防护层由渗水性很小的细粒材料组成。排水系统的组成部分包括收集系统、输送系统（主要集水管和支管）以及渗滤液检查井。在天然密封层中采用带有排水系统的防护层更为适宜。

A　水平收集系统

利用高渗透性的粗大颗粒组成的排水层有两种形式：不带收集管（渠）式和带有辅助收集管（渠）式。排水层中装有收集管（渠），可以提高整个排水层的排水能力，收集管（渠）由带长条缝的管道组成，或者采用排水槽的形式。

B　垂直收集系统

污泥卫生填埋场一般分层填埋，各层污泥压实后，覆盖一定厚度黏土层，起到减少污泥污染及雨水下渗作用，但同时也造成上部污泥渗滤液不能流到底部导层，因此，需要布置垂直渗滤液收集系统。

在填埋区按一定间距设立贯穿污泥体的垂直立管，管底部通过短横管与水平收集管相通，以形成垂直收集系统，通常这种立管同时也用于导出污泥气体，称为排渗导气管。管材采用高密度塑料穿孔花管，在外围套上套管，并在套管上与多孔管之间填入滤料，在周围污泥压实后，将套管取出，随着污泥层的升高，这种设施也逐渐加高，直至最终高度，底部的垂直多孔管与底衬中的渗水管网相通，这样中层渗滤液可通过滤料和垂直多孔管流入底部的排渗管网，可提高整个填埋场的排污能力。排渗导气管的间距要考虑填埋作业和导气的要求，要按 30 ~ 50 m 间距交错布置。排渗导气管随着污泥层的增加而逐段增高。较高的管下部要求设立基础。

填埋场底最低处应设有集水井，其内应设有总管通向地面，并高出地面 100 cm，以便抽出渗滤液。将填埋场产生的渗滤液收集到污水调节池中。污水调节池的主要作用在于均衡渗滤液水量和水质。为能够起到调蓄暴雨时产生的渗滤水量，调节池的容积应大一些。渗滤液调节池的设计标准,按二十年一遇降雨量下的渗滤液量设计。

如果无法将渗滤液排入城市污水处理厂和生活污水合并处理,应设置渗滤水处理设施,处理达标后方可排入附近水体。

### 6.3.2 大气环境的保护措施

污泥填埋场中对大气环境造成一定不良影响的污染物主要有粉尘、$NH_3$、甲硫醇(RSH)、$CH_4$ 等,其产生过程主要在填埋场营运期间,具体体现在外部器械和污泥自身两个方面。

(1)场内的扬尘主要由风力产生,受场内运输车辆的行驶影响很大,与道路状况也有很大关系,一般在近地面的空气中。这类扬尘粒径都在 $3 \sim 80 \ \mu m$,大多为球形,比重在 $1.3 \sim 2.0$ 之间。扬尘由于大小、比重不同,在大气中的停留时间和空间分布也不同,扬尘在受重力、浮力和气流运动的作用下,可以发生沉降、上升和扩散,因此,在施工场地时常可以看到尘土飞扬的现象,在自然风的作用下,扬尘一般影响范围在 $100 \ m$ 以内。同时,车辆行驶中因燃油而产生的汽车尾气亦对环境空气产生不利影响,污染物主要为 $NO_x$、CO 和 THC。

(2)恶臭气体是有机质腐败降解的产物,亦是填埋场的主要污染物,其主要成分是氨、硫化氢、甲硫醇等。污泥中的有机物能在微生物作用下分解产生恶臭,直接影响苍蝇滋生密度。位于填埋场下风向的居民点将受到较大恶臭强度的影响,尤其是在盛夏季节。

针对以上情况,拟采取以下措施加以防范:

(1)污泥填埋现场运输车辆应控制车速,使之小于 $40 \ km/h$,以减少场内行驶过程中产生的道路扬尘,同时施工道路应定时洒水抑尘;

(2)填埋工艺要求一层污泥一层土,每天填埋的污泥必须当天覆盖完毕,尽量减少裸露面积和裸露时间,防止臭气四溢;

(3)填埋场应设有气体输导、收集和排放处理系统。气体输导系统应设置横竖相通的排气管,排气总管应高出地面 $100 \ cm$,以采气和处理气体用。对填埋场产生的可燃气体达到燃烧值的要收集利用;对不能收集利用的可燃气体要烧掉排空,防止火灾及爆炸;

(4)填埋场区四周种植绿化隔离带,两侧植乔木或灌木,乔木采用香樟、冬青等,灌木可选用小叶丁香、小叶贞等,适当种植粉团蔷薇、玫瑰、迎春等花卉,防止臭气扩散;

(5)填埋场封场后,最终覆土不小于 $0.8 \ m$,并在其上覆 $15 \ cm$ 以上的营养土,以便种植对甲烷抗性较强的树种,如枸杞、苦楝、紫穗槐、白蜡树、女贞、金银木、臭椿等,以恢复场区原有生态环境。

污泥填埋场大气污染物控制项目主要包括颗粒物(TSP)、氨、硫化氢、甲硫醇、臭氧等的浓度。污泥填埋场大气污染物排放限值是对无组织排放源的控制。大气污染物排放限值如下:(1)颗粒物场界排放现值不大于 $1.0 \ mg/m^3$;(2)氨、硫化氢、甲硫醇、臭氧浓度场界排放限值,可根据污泥填埋场所在区域,分别按照 GB 14551—1993《恶臭污染物排放标准》表1相应级别的指标值执行。

### 6.3.3 声环境的保护措施

污泥填埋场噪声控制限值,根据污泥填埋场所在区域,分别按照 GB 12348—1990《工业企业厂界噪声标准》相应级别的指标值执行。具体采用如下措施:

（1）应尽量选用先进的低噪声设备，其设备的工作噪声在 85dB（A）以下，对噪声较大的设备采用消音、隔音和减振措施，种植绿化隔离带可起到屏障作用，在高噪声设备周围适当设置屏障以减轻噪声对周围环境的影响，控制施工场界噪声，使其不超过 GB 12523—1990《建筑施工场界噪声限值》。

（2）精心安排，减少施工噪声影响时间，凡超过夜间噪声操作的设备，夜间必须停止使用。

（3）施工中应加强对施工机械的维修保养，避免由于设备性能差而增大机械噪声。

（4）运污泥的车辆应尽量在昼间营运，避免夜间运输污泥，以达到减少对公路两边居民生活的影响。

### 6.3.4　对蚊蝇害虫的防治措施

蝇类孳生严重影响填埋场职工和附近居民的生活，是公众对填埋场环境污染反映最强烈的问题。所以，防止苍蝇、蚊子的孳生应是污泥填埋场环境保护的一个重要方面，其控制标准：苍蝇密度控制在 10 只/（笼·日）以下。具体灭蝇措施如下：

（1）运输沿程严格控制灭蝇，可以采用压缩式密封污泥车减少苍蝇的孳生。

（2）保证卫生填埋工艺的执行，即每天填埋的污泥必须当天覆盖完毕，这能有效控制苍蝇的孳生。

（3）对场外带进或场内产生的蚊、蝇、鼠类带菌体，一方面，组织人员定期喷药杀灭，另一方面，加强填埋工序管理，及时清扫散落污泥，及时清除场区内积水坑洼，减少蚊蝇的孳生地。

（4）对污泥暴露面上的苍蝇，一般采用药物喷雾或烟雾灭杀，但要注意药物对环境产生的副作用。还可用苍蝇引诱药物诱杀。在填埋场种植驱蝇植物，也是有效控制苍蝇密度的方法，且可防止药物造成的环境污染，是今后非药物灭蝇的发展方向。在填埋场的生活区，室外可采用低毒低残留药物喷雾和诱杀剂杀灭，还可用捕蝇笼诱捕，室内可采用黏蝇纸，悬挂毒蝇绳，或在玻璃窗上涂抹灭蝇药物等。

# 7 污泥填埋工程实例

## 7.1 国内污泥填埋工程实例

上海老港填埋场污泥与矿化垃圾混合填埋工程,处理规模为4年100万吨污泥总量。

### 7.1.1 污泥混合预处理系统设计

本工程污泥预处理区具有接水、接电距离短,预处理区内没有堆高,有利于地基处理,交通便捷,有利于污泥运输物流组织等优点。

#### 7.1.1.1 预处理工艺流程

老港填埋场内短驳车辆将污泥由码头运至预处理区,污泥卸入污泥储池,筛分好的矿化垃圾则存放在预处理区矿化垃圾堆放区。污泥和矿化垃圾分别由污泥泵和装载机运送至预处理车间混合区。污泥和矿化垃圾按2:1的配比掺混,进入混合搅拌机,经充分混合搅拌后,为降低污泥散发的臭气浓度,混合时按0.1%的配比掺混专用植物提取液,混合料由装载机运入车间翻堆稳定化区。污泥和矿化垃圾定量混料分别由无轴螺旋输送机和皮带输送机(带均料器)实现。混合料在预处理车间混合区铺成长80 m、宽5 m的条垛共12条,利用挖掘机和装载机规整,使混合物料垛宽5 m、高2.4 m,有效截面积为6 $m^2$。接着利用跨式翻堆机在物料上进行翻堆,每天翻堆一次,采用BACKHUS16.50跨式翻堆机,每天工作5~6 h。翻堆机工作原理如下:柴油发动机动力通过液压传动实现滚筒升降,履带式行走,最主要的是使翻抛滚筒转动,带动滚筒上的刀板对物料进行破碎、翻抛,从而在设备后面形成新垛。污泥/矿化垃圾混合物经过4天的稳定化翻堆后,成品混合料用装载机装车,运往污泥填埋区填埋。

#### 7.1.1.2 预处理设计参数

A 矿化垃圾性质

填埋时间:8 年以上;

有机质含量:9%~16%(粒径小于80 mm干垃圾);

粒径:小于80 mm;

单位质量干垃圾中微生物数量:大于 $10^6$~$10^8$ 个/g;

水力渗透系数:0.9~1.2 cm/min;

pH 值:7~8;

含水率:25%~30%。

B 污泥性质

含水率:80%~82%;

容重:0.7~0.9 t/$m^3$。

C 混合预处理参数

污泥/矿化垃圾混合比:2:1;

混合物总质量:900～1200 t/d;

混合物容重:约为 0.8 t/m³;

混合物总体积:1125～1500 m³/d;

停留时间:4 天;

翻抛次数:1 次/d。

D　混合出料参数

含水率:50%～59%;

容重:1.0 t/m³。

### 7.1.1.3　预处理物料平衡

以每天处理 800 t 污泥计,需要矿化垃圾 400 t/d,经混合后,产生约 50 t/d 的污水(含冲洗废水),污泥混合物出料量约为 1170 t/d。

### 7.1.1.4　预处理系统单体设计

A　污泥储池

污泥储池尺寸为 20 m×15 m×4 m,有效容积为 1110 m³,地下式钢砼结构,顶板设两个卸料口。污泥储池顶板设有检修人孔和涡流通风器。污泥储池内设 3 台(二用一备)螺杆泵。

B　矿化垃圾堆料场

垃圾堆放场尺寸为 55 m×20 m,底部做 20 cm 厚的混凝土地坪,四周做 0.3 m 宽的排水沟。

C　混合预处理车间

混合预处理车间占地面积为 9760 m²,层高为 6 m,轻钢结构,底部有 1 m 高砖砌维护,侧墙顶部为 2 m(4～6 m 标高)镂空。车间分两个区域:混合区和翻堆稳定区。混合区内设置混合搅拌机、皮带输送机和无轴螺旋输送机等输送及混合设备。翻堆稳定区共分四个隔间(中间用 1.2 m 高的混凝土隔墙分隔),混合条堆总长度为 1200 m,条堆形状为等腰三角形,底宽×高度 =5 m×2.4 m。

D　停车库、备件仓库及管理用房

停车库、配件仓库、更衣室和管理用房的建筑总面积 1144 m²,与预处理车间做成一体式车间。停车库用于停放翻堆机、装载机和挖掘机等作业机械。车库单层结构层高为 6.0 m,室内外高差为 0.30 m,建筑物总高约为 7.50 m。

E　集水池

外形尺寸为 6 m×6 m×3 m,钢砼结构,地下式。冲洗水和混合时产生的污水自流进入集水池,利用水泵泵入污水处理系统调节池。选用耐腐蚀不锈钢潜污泵,水泵参数为 $Q = 10$ m³/h,$H = 8$ m 水柱,$P = 1.1$ kW,一用一备。

F　预处理车间除臭系统

由于污泥在搅拌、堆放过程中产生臭味,不仅会对预处理车间内的环境和空气产生污染,同时还会逸出车间,在自然风的吹送下恶化周边环境质量。为了改善操作环境,拟对污泥预处理车间的臭气进行治理。根据实际经验,拟采用植物提取液喷淋除臭技术对臭气进行处理。该技术对恶臭气体的降解一般在 2～50 s,因此,利用该技术应对恶臭气体浓度的上升非常有效,不失为常规和应急防治的良好选择。具体除臭系统设计如下:

a 臭气源头控制

在混合搅拌机顶部安装一套喷洒设备,连续喷洒 111 型植物除味液,与污泥、矿化垃圾充分搅拌。该型号产品除拥有与普通植物除味液相同的除异味能力外,更拥有长效性,通过不断与污泥、垃圾等中的有机质反应还原,来抑制异味的生成,从而降低了后续臭气处理的负荷和费用。

b 车间内部臭气控制

在污泥与矿化垃圾混合的条垛区上方安装雾化喷嘴,喷洒 101 型植物除味液,该型号产品除拥有与普通植物除味液相同的除异味能力外,还可有效覆盖污泥表面并渗透入污泥表层,控制污泥表层中的臭气。每条条垛上每隔 4 m 安装 1 个喷嘴,共需喷嘴数量为 240 个。翻堆区喷嘴由 1 套除臭控制设备控制,因每天有新的污泥堆放到污泥条垛区,设定设备每天运行 2 次,中午 1 次、下午工作结束后 1 次,每次运行 4 min。设备启动后,将依次运行四个区域上方的除臭雾化喷嘴,每个区域上方的雾化喷嘴将连续喷洒 1 min 后自动停止。四个区域的雾化喷嘴依次运行需时 4 min。

c 车间四周臭气阻隔控制

考虑到车间四周墙壁(4~6 m 标高)部分镂空,且有开门,为尽量避免臭气外逸,在车间周围的镂空墙上和开门部位均匀布置 82 个除臭雾化喷嘴,这些喷嘴由 1 套除臭控制设备控制。设备一经设定,可在每天固定时间启动、停止。在设备正常运行状态下,可根据设定的程序间歇运行(如每 3 min 喷洒 10 s),也可手动控制连续运行。该除臭系统拟使用针对污泥臭气的 WN‑1 型植物提取液。采取控制措施后,排除周边环境影响,可达到 GB 14554—1993《恶臭污染物排放标准》规定的厂界二级标准要求。

7.1.1.5 过渡期预处理设计

过渡期在 55 号填埋单元西南角封场区域,利用装载机和挖掘机进行简单的混合搅拌和稳定化。填埋区垂直高度上每隔 2 m 利用 6.3 mm 厚复合土工网格进行加固处理。

## 7.1.2 填埋库区设计

7.1.2.1 过渡填埋区设计

A 围堤工程设计

a 围堤布置

过渡填埋单元东侧和南侧已有围隔堤,西侧和北侧新建围堤,新建围堤长度为 385 m。

b 围堤结构设计

围隔堤堤身形式均为土堤堤身,考虑现场取土的土质较差,新堤采用外购土方的方式筑堤。

围堤标准包括:

围堤顶标高:吴淞零点 +8.00 m;

围堤顶宽:4.5 m;

围堤边坡:1:1.5(每隔 3.5 m 增加 2 m 宽平台);

错车平台:宽度为 5 m,长度为 10~16 m。

c 土方工程技术要求

路基范围内清基不低于 50 cm;

填土不得使用淤泥、垃圾土、腐殖土；

填土应分层铺筑，每层铺筑厚度为 30～35 cm；

填土压实度按轻型压实标准，压实度为 95%。

B　库底开挖及地基处理工程

库底开挖面标高为 -1.1～1.1 m。库底整平设计如下：对底部存在的杂草、淤泥加以清除，并用非表层土回填压实，填埋库区底部最终的基础设计层为砂质粉土层。

填埋区的排水方向为双向双坡。纵坡整平坡度为 2%，以单元中间主盲沟末端为控制高程向南北两侧围堤方向进行整平。横坡整平以主盲沟为主控制线进行整平，坡度也为2%。场底主盲沟末端设置渗滤液专用排水泵，通过泵后阀门切换控制，填埋单元使用前将雨水外排，填埋单元使用后将渗滤液泵排进入 Ⅱ 号氧化塘渗滤液调节池。场地整平设计以填埋作业单元为基础，结合防渗工程要求进行。主要包括三个施工步骤：场地清理，场地开挖和土建构建面，场地整平后要求形成土建构建面，以有利于防渗系统铺设。

（1）场底清理：主要是清除树木、杂草、腐殖土、淤泥等有害杂质。

（2）场地开挖：要求挖方范围内的树木、杂草、腐殖土、石块等全部清除；挖方坡度符合设计要求，不得超挖；

（3）土建构建面：构建面平整，坚实，无裂缝，无松土；基地表面无积水，在垂直深度为25 cm 内无石块、树根及其他任何有害的杂物；坡面稳定，过渡平缓。

C　地下水导排工程

根据本工程地质勘探资料，库区底部地下水位标高在 3.08～3.97 m 范围内，填埋区底部将会被开挖到这一标高以下。因此，控制地下水位是十分关键的。地下水收集与导排工程设计主要包括周边围堤设置垂直防渗墙和设置地下水导排盲沟。目前，在一、二、三期库区周边已有垂直防渗墙。

地下水导排盲沟系统包括主（副）盲沟、导排井、集水管与排放管等。主副盲沟以 16～32 mm 碎石作为导流层，以 5 mm 复合土工排水网作为地下水排水通道。主盲沟断面为 2 m×0.3 m，副盲沟断面为 1.5 m×0.3 m，盲沟上覆 150 g/m² 机织土工布。在每个单元地下水导流主盲沟末端设置集水设施，在主盲沟末端设置集水井，井内设置导排泵将地下水导出，共需集水井 2 座（$\phi$1500 mm×10 m）。

地下水导流主盲沟末端汇集到集水井，通过导排泵将地下水排入三、四期库区之间的界河。在围堤内侧设（9.2～19.2）m×5 m 平台（与渗滤液导排井共用此平台），上设地下水导排井和渗滤液导排井各一座，阀门井一座，井体为钢砼结构。井内设导排泵、阀门和管道等设备。

D　水平防渗工程

考虑该填埋单元为过渡填埋单元，为节约投资，场底防渗采用 0.5 m 厚度渗透系数小于$10^{-7}$ cm/s 的黏土，压实度不小于 0.90。

E　渗滤液收集与导排工程

a　渗滤液收集系统

渗滤液收集系统由 6.3 mm 厚复合土工网格、30 cm 厚矿化垃圾筛上物、碎石盲沟和导排井构成。过渡期填埋单元设置 2 条主盲沟和 2 座导排井，主盲沟中 $D_e$315 的 HDPE 管将收集到的渗滤液排入末端的导排井中。

b 渗滤液输送系统

主盲沟末端设置渗滤液导排井,井内设置导排泵。渗滤液由导排泵提升,泵后阀门井内设置 2 个阀门,分别通向雨水排放管和渗滤液输送管。当单元尚未开始填埋作业时,场内雨水通过雨水排放管排出场外,当单元开始填埋作业后,渗滤液排入渗滤液输送管(在填埋库区围堤内侧铺设 $D_e63$ 的 HDPE 压力管),将渗滤液输送到渗滤液调节池。

F 地表水导排工程

过渡填埋单元东侧和南侧已有预制砼雨水明沟,结合"老港垃圾填埋场一、二、三期封场工程"投资可以修复,西侧和北侧 385 m 长雨水明沟需要新建,采用 1 mm HDPE 膜 +150 g/m² 土工布搭建。排水明沟边坡 1:1,底宽 300 mm,深 300~1100 mm,与东侧和南侧已有雨水明沟搭接。

G 填埋气体导排工程

填埋气体采用垂直导气石笼导排,石笼具体做法如下:

石笼内径为 800 mm,石笼内碎石粒径为 32~100 mm(保证其透气性及防止杂质堵塞孔眼),外围钢筋 $\phi8$,钢筋外围采用 150 g/m² 机织土工布以防污泥淤堵。石笼内管道为 $D_N160$ 的 PVC 管、表面轴向开孔间距为 100 mm,导气石笼和导气管底部与渗滤液导排盲沟底部平齐,分段构筑,每段顶面均高出相应的覆盖层表面 1.0 m。在单元内、每隔 30~50 m 安装导气石笼,共设置 12 个导气石笼。填埋气体采用自然导排方式。

H 封场工程设计

封场覆盖表面积约为 $3.05 \times 10^4$ m²,封场覆盖工程量为:30 cm 厚的压实黏土层约 $0.92 \times 10^4$ m³。

## 7.2 国外污泥填埋工程实例

### 7.2.1 只填污泥填埋场和专用土地处理场的设计和运行

#### 7.2.1.1 只填污泥填埋场和专用土地处理场定义

只填污泥填埋场定义:专门用于废水污泥处置的污泥处置场。污泥可以是固态的(脱水)或流态的,但是污泥经常和处理、脱水或固定材料相结合,从而以脱水的形态予以应用。

专用土地处理场(DLD)指的是定期将污泥施用于土地表面的场所,其目的是处置污泥而不是利用污泥。以利用污泥为目的的场所,通常是利用污泥所具有的肥效及土壤调整属性来种植庄稼。但在 DLD 场不种植任何庄稼。这种 DLD 场通常每年的利用率(以污泥干重计)为 11.2~22.4 kg/m²,污泥通常以液态使用。

只填污泥填埋场底部和侧面防渗非常重要。只填污泥填埋场最经济的方法是建在那些现场有自然土可取的地方。但是,对只填污泥填埋场成功运行来说,可能最为敏感和最为关键的是那些包括地表和地下水在内的环境问题。

#### 7.2.1.2 脱水污泥的应用

处置场所离污水处理厂距离较远,或者气候条件允许在一个封闭的场所贮存污泥的时间可超过 6 个月多,这样的条件下比较适合使用脱水污泥。超过 32 km 或 40 km 时,流态污泥的运输费就比脱水污泥的运输费高。不过对于处理规模小的污水处理厂,临界距离可能要大于这个值,因为运输浓缩的液态污泥往往比运行脱水系统更经济。

　　一些污水处理厂已经与附近的工厂合作进行污泥脱水。进行污泥脱水的主要原因:一个是为了在恶劣的天气下贮存污泥或大大增加单位面积的施用量;另一个是为了稳定和固定污泥。在稳定污泥的操作中,通常作为和污泥混合的材料有水泥窑的粉尘、石灰及飞灰。在使用这些材料时,通常污泥还未稳定化。

　　脱水污泥的应用是指脱水污泥在一定面积内以一定的方式放置在土壤中,使得其处置量达到最大。已经应用的方法有窄沟法,包括侧填污泥在内的宽沟法以及与固定材料结合的污泥条垛法。几乎所有的脱水方法都是持续搅拌或至少每天搅拌污泥和土壤一次,每天污泥脱水的目的是为了控制细菌和气味以满足污泥处理法规。

　　得克萨斯州 Fort Worth 的 Village Creek 厂所提议的设计要求是在 1.52 m 的圆径和洞深 9.14 m 的场所中进行污泥脱水,而且只能在使用的前几天钻洞。整个填埋场铺设防渗黏土层以保证污泥不下渗,此外还安装防渗墙,从而使所有污水被限制在填埋场中。

### 7.2.1.3　流态污泥的应用

　　如果污泥处理场位于污水处理厂附近,或者某些情况下位于分离污泥处理厂附近,那么使用流态污泥成本通常较低。流态污泥不必运行昂贵的脱水设备,但其运行要满足两个条件:有足够贮存空间来贮存流态的稳定污泥以确保能等到适当时间来处理污泥,或时常有适合的气候条件来处理污泥。

　　在 DLD 场处理流态污泥,对环境污染最小的方法是采用直接注入法。这类装置有:具有两个注入装置的特殊装备的液罐卡车;或装有注入装置(通过软管注入加压流态污泥管上)的拖拉机一类的脐带系统。前者通常适用于小厂,而后者用于大厂或用于污泥的处理处置。

　　污泥用于 DLD 场的另一个方法是通过卡车将污泥的液体表面撒布在土壤表面,然后通过耕犁或者用污泥管上的高压管口将污泥进行大范围的表面喷射,从而与土壤结合。使用这个方法时务必要注意土壤表面应定期耕犁以确保最大的利用率,这样也能抑制细菌和臭味从而满足污泥处理规范。

　　DLD 场的表面径流必须加以控制,从而杜绝降雨径流携带污泥的成分到达所施的土壤之下。因此,必须使场地倾斜从而使雨水快速流走且使径流带走的土壤最少,另外收集的径流要么到污水处理厂,要么到专门的蒸发蓄水塘。当径流回到污水处理厂时,室外的径流收集系统通常有一个小的贮水池,确保能缓冲大暴雨以免危及所使用的区域。

## 7.2.2　北海岸卫生区填埋飞灰稳定化的污泥

### 7.2.2.1　背景及历史

　　新港镇区只填污泥填埋场位于伊利诺伊州宰恩附近的湖县,接收服务于 25 万人的四个北岸卫生区污水处理厂所产生的污泥,四个处理厂的设计容量是 2.5 $m^3/s$。宽沟渠单个单元的填埋操作始于 1974 年 6 月。

　　灰泥是用于描述飞灰和污泥搅拌形成的最终产物。它是一种类似土壤的材料,依据飞灰的组成和类型的不同,其行为属性从类似粒状的材料到类似岩石的材料。类似粒状的材料的强度从其内摩擦力获得,而那些类似岩石的材料的强度则从飞灰的水合作用产生的颗粒凝固作用中获得。

　　测试显示,当压实到美国试验材料 D698 的 90% 时,灰泥的湿密度从 44.8 $kg/m^3$ 上升到

62. 2 kg/m³,强度值超过24413. 35 kg/m²,内摩擦角超过35°。初步测试显示值阈为$1 \times 10^{-7}$ ~$5 \times 10^{-6}$ cm/s。据研究,灰泥不属于危险废物。

### 7.2.2.2 填埋场设计

填埋场南部60.71 hm²的填埋场最初使用宽沟填埋法,现已封场。新的灰泥填埋场原计划位于北部,面积为53.02 hm²,外观呈"I"字形。北部、南部以及中心部分分别大约为22.66 hm²、25.09 hm²及5.26 hm²。该单元原计划为该区提供20年的填埋容量。场地的中心部分为加工厂。如图7-1所示为该厂的布置示意图。

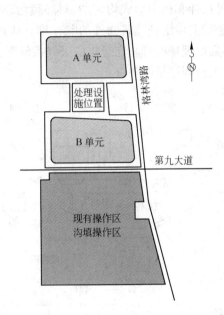

图7-1 布局图——灰泥填埋场-北岸卫生区

### 7.2.2.3 填埋场设计标准

填埋场设计标准如下:

(1)飞灰与污泥的最小比为1:1~1:3,理想比为2:1;

(2)地界线和飞灰边界之间有一个60.96 m长的缓冲区,但美国飞灰地界线例外,需要27. 43 m;

(3)最初灰泥填埋在加工中心(黏土拌和机)的北侧;

(4)内边坡2:1,外边坡3:1,但格林湾路的东侧必须达到4:1;

(5)护坡道嵌入黏土的厚度最小为0.91 m;

(6)底部或侧面的黏土的防渗系数必须大于$1 \times 10^{-7}$ cm/s,且厚度至少为3.05 m;

(7)地表水在运行中的填埋亚单元是不可避免的,必须用泵抽到排放池;

(8)每个亚单元进行到一定阶段,必须有0.15 m厚的黏土覆盖;

(9)不必进行日覆盖;

(10)顶层覆盖层要有0.61 m的黏土外加表土;

(11)在建设期间及建设之后,斜坡必须播种;

(12)护坡道垂直填埋作业面最少为3.05 m,防渗透系数必须大于等于$1 \times 10^{-7}$cm/s。

### 7.2.2.4　运行

起初,加工厂是设计成用于运行经 Waukegan 厂真空过滤脱水的污泥。自从飞灰运行启动后,该区就减少中心脱水运行操作,而如今正接收四个厂的脱水污泥。这些污泥一到加工地就和飞灰混合,这种运行方式不用很多运行场地,从而大大节约了成本。

脱水污泥泵入 38.23 m³ 的漏斗中,经渐进槽泵将污泥移到拌和机。干飞灰用拖拉机拖车上的槽来运输,并通过压缩空气卸在飞灰筒仓中,而后再通过气动传输机将飞灰移到拌和机。为了保证灰泥适当的湿度,必须有一个补给水系统。控制这三个负载系统的目的是为了提供适当的混合比例使得在拌和机中形成均匀的、对环境污染少的材料。拌和机将这两种材料充分混合后放在传送带上传送到建筑物外的贮存堆。通过初始反应,这个贮存堆被装载到自动倾卸卡车上,再到填埋场处理。在恶劣的天气条件下,这些充分混合的材料暂时堆放在一个大棚中,灰泥的运行程序见图 7-2。

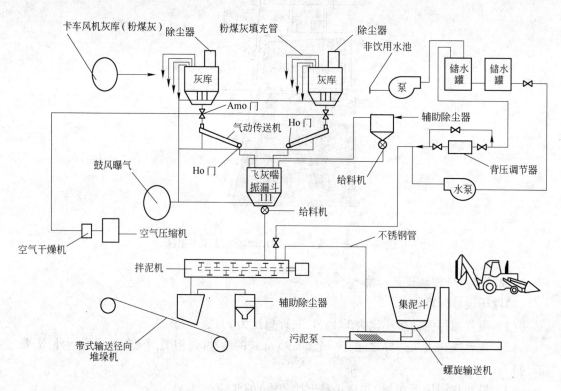

图 7-2　灰泥的运行程序

这些材料用六轮自动倾卸卡车从加工中心运输,放置到各种填埋升层。D—5 吊锚将材料挖出近 0.91 m 深,普通的钢鼓滚筒则用于就地碾压材料。当正建的一个亚单元挖好后,挖出的材料用于升高开挖的护坡道。

### 7.2.2.5　成本

从 1974～1988 年,填埋场使用最初的宽沟填埋,费用为 62 美元/(t·d)。这些费用包括资产折旧费及运行费。现在灰泥的成本为 110 美元/(t·d)。虽然成本较高,但是还是大大低于该区目前可以执行的任何备选方案。

### 7.2.3 得克萨斯三河管理机构中心区域处理厂脱水污泥填埋

#### 7.2.3.1 背景及历史

中心区域废水处理厂位于 Grand Prairie,毗连达拉斯西部中心边界,位于两个主要公路的会合处。这个处理量为 5.91 $m^3$/s 的处理厂服务于达拉斯、福沃斯、阿林顿的部分城市以及 18 个其他消费城市。进水大部分为生活污水,排水系统不是合流制。处理过程包括过滤、格栅、沉砂、初沉、活性污泥曝气、二沉、自动回洗过滤器及氯化/$SO_2$ 的脱氯作用。

生污泥是固体活性污泥经过重力浓缩以及与压滤带压滤和融解氧气浮法沉降固体活性污泥相结合而产生的。4%～6% 的固体混合污泥是用 20% 的石灰和 5% 的氯化铁(按干污泥质量计)调节而成,污泥经 5 个长 1900 mm、宽 1300 mm,3 个长 2000 mm、宽 1500 mm,压强为 689.5 kPa 的凹室压滤机压滤脱水后形成平均固体含量为 34% 的调节污泥。

脱水污泥传送到小贮存池,然后再到自动倾卸卡车。自动倾卸卡车拖着污泥到该场近 1206 m 之远的南边,和土壤混合后置于只填污泥填埋场(从 1976 年开始填埋)。

#### 7.2.3.2 设计

图 7-3 所示为填埋运行场平面图——北岸卫生区,图 7-4 所示为该场地的平面布置图。场地的设计标准如下:

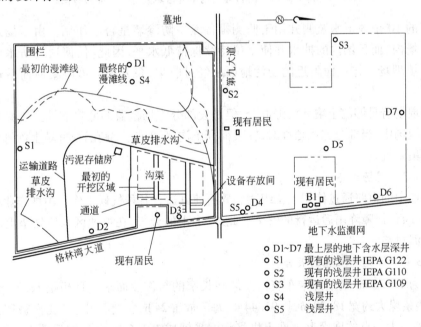

图 7-3 填埋运行场平面图——北岸卫生区

(1) 34% 固体 (30%～55% 范围);

(2) 湿污泥和土壤膨松剂的体积比为 1:1.5;

(3) 灰泥产品以每年 3%～5% 的比例递增;

(4) 污水处理厂到填埋场的固体(包括化学物质)输送量为 10.56 kg/($m^3 \cdot$ s)。

因为填埋这种运营方式被认为是高效的,因此,将继续使用目前的施工车辆来干燥、混合和放置污泥和土壤。污泥和土壤的比例为 1:1.5,将土壤和污泥混合后堆成条形垛。填

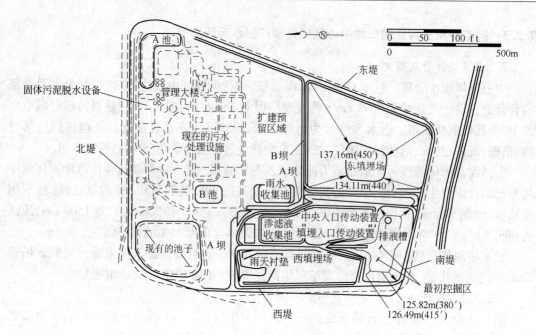

**图 7-4　得克萨斯三河管理机构中心区域处理厂平面布置图**

埋场周围的 10 个地下水监测井用于监测帷幕灌浆防渗墙是否起作用。由于场地外面的水位高于场内,而且场内的抽水井使水位持续保持低水平,因此,任何通过防水墙的水流都将进入填埋场。作业面附近的受污地面水经过收集,泵入渗滤液收集池而后返回污水处理厂。

预计现场有足够的土壤和污泥混合,但是大部分终场覆盖的低渗透性土壤必须从外面运来。填埋场中,当部分完成填埋时,在表面开出沟渠,安装上穿孔管,并填上沙砾层作为被动气体收集系统。

### 7.2.3.3　现场设备

填埋场中的道路通过使用土工织物和碎石使其适合各种气候工作。填埋作业面的页岩表面铺上沙石,保障降雨后运行的安全。此外,多雨的天气,在填埋区入口处垫上用于贮存污泥的水泥衬垫。

### 7.2.3.4　污泥和土壤的混合

容量为 12.23 $m^3$ 的后卸卡车将污泥卸在长窄的与作业面平行且相距 18.29 m 的条形垛上,这些条垛大约宽 18.29 m,长 91.44 m,每天放置 24 h,每周 7 天。干土则被铲土机放到 6.1 m 之外稍大一点的堆垛上。推土机将污泥平铺成 101.6 mm 厚,然后覆上 152.4 mm 厚的土层。平铺操作要进行额外干燥,也就是用推土机拖着大型的工业化的圆盘耙或犁将土和泥充分混合。一般需要一天或更多时间,从而有助于使混合物更加干燥。

### 7.2.3.5　操作程序

将混合物置于作业面上,形成 304.8 mm 厚的层,然后用推土机碾压至少四遍,或者通过指定路线,使得运泥卡车或者负荷铲土机在填埋区反复碾压。单个的升层在阶地中的堆高要达到近 3.05 m,填埋面坡度为 6∶1,在放置完两个与作业面平行的相邻阶地之后才能往上堆置阶地。混合及填埋区无需日覆盖,其他所有的区域需要 152.4 mm 厚的中间覆盖。

由于作业面从南向北移,因此,必须逐渐向北开挖混合土和页岩,从而开辟出新的填埋区域。在填埋场封场前(预期寿命为 12 ~ 13 年),需要挖掘大约 3.05 m 的深页岩。页岩必须贮备以用于填埋场的终场覆盖。为了挖掘页岩,铲土机上需要安装一个粗齿锯。

作业面及所有的挖掘必须至少向排水坑倾斜 1%,作业面及挖掘的排水只要用一个单一的液压潜水排污泵泵入渗滤池,但必须另外准备一个备用泵。

当填埋环节完成后,必须进行终场覆盖。覆盖材料由 609.6 mm 厚的低渗透性的土壤,203.2 mm 厚的低渗透性材料及 101.6 mm 厚的表层土组成,在碾压之前,每个升层必须推铺 203.2 mm 左右厚的覆盖材料,然后用犁破碎低渗透性土壤,通过夯实或气动碾子压实到所要求干密度标准的 95%。

由于降水天气而停止作业面操作时,则将脱水污泥放在没有遮蔽的水泥衬垫上;当天气好转时,这些污泥也放到条垛上,但需要更多土壤或增加搅拌来混合、干燥污泥。在雨天,贮存的土壤要进行覆盖以保持干燥。

### 7.2.3.6 装置

装置主要有:2 个推土机(后带犁和粗齿锯),2 个前端装载机,2 个铲土机,2 个电动翻堆机,1 个锄耕机,1 个布朗螺旋打孔器,1 个用于填埋各种操作的自动倾卸卡车。根据要求,这里的 2 个电动翻堆机,1 个前端装卸机及锄耕机由一个操作工操作,其他装置则指派操作工全职负责。2 个 12.23 m³ 后卸卡车用于将脱水污泥运输到填埋场。

### 7.2.3.7 问题

填埋场以相同方式运营了很多年,因此,职工拥有良好的训练。但是有如下四个基本问题影响了运营。

(1)降水过后,地面水(排水)延缓了运行。对策:这个问题困扰着填埋的运行,唯一的解决办法是形成一个良好的坡面,避免形成洼地淤积来水。

(2)在多雨天气期间及之后的气味问题。对策:由于"再潮湿"的污泥导致臭味,要坚持进行中间覆盖,要尽可能快地进行最后的覆盖,从而使污泥土壤混合物尽量少暴露在雨中;也可以使用掩蔽剂,如当臭味很重时,可将石灰水喷洒在表面。

(3)由于污泥是原生的,而且经过化学调节,因此,在作业面或终场覆盖面上有时会出现沉洞。对策:改善这种状况的办法是进行更好的压缩,时常检验压实度,确保良好的压实。另外,尽可能快地进行终场覆盖避免重型机车碾压终场覆盖面也是一种很好的办法。

(4)装置出现故障会阻碍填埋运行。对策:由于这种繁重的工作制,这个问题在任何填埋场都会出现。因此需要有严格的保养维修程序以及良好的操作人员训练。若有后备装置当然最好,但费用很高。

### 7.2.3.8 成本

1989 年,帷幕灌浆防渗墙、围墙、西区填埋的挖掘、渗滤池、多雨天气贮存污泥的衬垫以及道路等建设共耗资 3500000 美元。经三河管理机构精确测算,污泥单位干重运行及维护费用为 16.53 美元/t,包括所有填埋运行的劳力和装置,但不包括污泥的托运。所有装置的折旧年限按 10 年计。

### 7.2.4　达拉斯自来水公司南侧污水处理厂填埋及专门的土地处理

#### 7.2.4.1　背景及历史

南侧污水处理厂位于达拉斯市和达拉斯城的东南部,这个规模为 3.94 $m^3$/s 的污水处理厂目前平均每年处理量大约为 2.85 $m^3$/s,达拉斯市另一个污水处理厂是处理量为 6.57 $m^3$/s 的中心污水处理厂,两个污水处理厂的污泥脱水后在南侧污水处理厂 930.8 $hm^2$ 的处理场处理。目前,污泥处理方法包括就地处理的专用土地处理场以及只填污泥填埋场,从而使每天填埋量(按污泥干重计)占据 113.4 t/d 的 80%。若污泥量以预计的增长速率增长,专用土地处理和只填污泥填埋可为未来 15 年甚至更长时间提供充足的污泥处理容量。

中心污水处理厂处理程序包括格栅、沉砂、初沉、碎石滴滤、二沉、中气泡活性污泥消化、最后沉淀,单一介质的煤深层过滤以及氯化(使用 $SO_2$ 除氯)。二次污泥回到一级澄清池加以去除。所产生的原污泥在现有的消化池中部分消化后,泵入贮存槽,在那里,和废活性污泥混合,在稀释到含固率为 0.8%~1.0% 后,污泥被泵入到 20.9 km 外的南侧污水处理厂的通风蓄水池。

南侧污水处理厂是一个相对新的污水处理厂,处理程序包括格栅、沉砂、初沉、活性污泥机械曝气、活性污泥曝气、最后沉淀,双重介质过滤以及氯化(使用 $SO_2$ 脱氯)。原污泥和经固体离心机转筒脱水的废活性污泥混合,然后进行厌氧消化,而后泵入二次通风蓄水池。依据许可证要求,中部及南侧产生的污泥分开保存。经过消化稳定的南侧污泥可以用专用土地或只填污泥填埋处理,但是原污泥或部分消化的污泥只能用于填埋。将污泥从每个 169920 $m^3$ 的通风蓄水池泵入各自的通风贮存槽,该通风贮存槽则作为带式压滤机的出水井。含固率为 18%~20% 的脱水泥饼被泵到 396.2 m 以外的填埋混合设备上。

#### 7.2.4.2　设计

整个场地的平面布置见图 7-5。技术设计中包括填埋场最佳位置的选择。由于现有或规划的场地都在其他区域,因此,以后备选的所有场地都在该场地的南侧,备选场地的优势在于:

(1) 远离公众;

(2) 靠近脱水装置;

(3) 近距离内有充分的覆盖材料;

(4) 近距离内有防洪施工材料;

(5) 坐落的位置满足现有"特别用途许可"的选址要求;

(6) 对现有的场地及防洪蓄水库的影响最小。

设计主要考虑的问题是和地表水及地下水有关的问题,此外,要使设计能达到不用限制未来的增长而能取得最大的区域。设计标准为:

(1) 20% 的含固率(18%~25% 范围);

(2) 90.72 t/d;

(3) 湿污泥和土壤膨胀剂的体积比为 1:3~1:1;

(4) 压实密度为 949.2 kg/$m^3$。

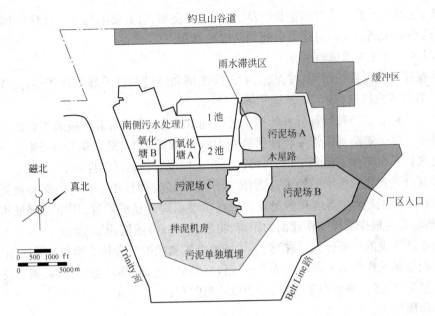

图 7-5 场地平面布置图——达拉斯南侧污水处理厂

为了取得污泥和土壤的最高比例,从而获得最长的填埋年限,在施工车辆上必须选择高效的采矿搅拌装置。

成功混合污泥的关键因素是材料质量,实地可取到的土壤是一些淤泥和黏土混合的细"糖"砂。设计中测试研究显示,污泥和土壤的湿体积比可以达到 1:1,但是在福沃斯的早期测试工作证明,当污泥和土壤湿体积比为 1:3 时,效果较差。由于没有做过大规模的压实测试,这个体积比范围只是一个建议值。

填埋区域本身具有一个内嵌防渗黏土芯的新的防洪堤,以及一个嵌入石灰岩的 0.91 m 厚的帷幕灌浆防渗墙。该设计使填埋区像一个浴缸,防止污染物逸出填埋场地。此外,考虑到就地专用土地处理,达拉斯自来水厂在其 930.8 hm² 的场地上建造了另一个帷幕灌浆防渗墙。虽然综合的地下水及土壤监测项目显示,DLD 的运行无地下水污染,土壤污染也很小,但是仍然建设帷幕灌浆防渗墙,从而防止任何污染物进入污水处理厂,因此,帷幕灌浆防渗墙可以认为是填埋场的"二级容器"。在帷幕灌浆防渗墙与厂界外围防渗墙之间设有地下水监测井。

填埋场为梯田式的,目的是将地表水引入到暴雨滞留池(蒸发池)。如果池里的水位太高,多余的水就要被泵入污水处理厂。

防洪堤(防渗墙)内的土壤可作为膨松材料。计算结果表明,对于使用预期年限为 7~12 年的填埋场,就地采掘的膨松材料不够用,因此,在以后几年要到污水处理厂区取土。

填埋场设计了一个被动收集甲烷的控制系统,穿孔管被砾石和土工布包围,放置在填埋埋深方向的中间部分并靠近顶端部位,管子的中间间距为 15.24 m。需要对场地周围的升管进行监测。而且要求升管可以转化成主动的收集系统。

### 7.2.4.3 现场设施

从填埋场通向搅拌厂的道路和斜坡上面盖有一层石灰岩,从而形成一个很好的路基,但它在雨季很滑。不过由于多雨天气时运行可以暂停,因此,即便路滑也不影响。为了防止防洪堤斜坡的侵蚀，不要铲除自然生长的草，并要适时浇灌，有必要的话，还可以调用实地停留池的水，这些水在浇灌的同时还可以起到防尘的作用。

#### 7.2.4.4　污泥和土壤的混合

泵入搅拌处理设施的污泥，按泥、土1:3的比例和经过筛分干燥的沙子混合，而后装入 11.47 m³ 的后卸拖拉机（拖车），拖运到填埋场地。

用前端负荷装置将现场筛分好的沙子装运到卡车上，然后用卡车拖运到宽阔的有遮蔽的贮存场所。这个遮蔽场所需要将沙保持在10%的湿度之下，最好保持在5%之下。设计采用桨轮式铲土机将沙子运到工厂，再将污泥和土壤混合物运回填埋场。

搅拌混合装置要求很干的沙子，从而使沙子有效地发挥作用。剩下的那些被挑出的无用物质，以1:3的比例在实地和污泥混合。在填埋面附近建成堆垛，用电动翻堆机进行翻堆、干燥和混合。根据堆垛与作业面的距离，将混合物或推或拖到填埋面。

作为填埋建设的一部分，必须挖掘一块场地堆置初始的混合物。操作的顺序如下：

（1）挖掘场地作为未来填埋的场所——包括清除、挖掘、移动蓬松材料，搬移部分石灰岩作为日覆盖、路基及终场覆盖材料，并予以适当贮存；

（2）暴雨排水；

（3）每天使用推土机平铺泥/土混合物，对3个长宽接近24.38 m、15.24 m，高203.2～304.8 mm 的松散升层进行覆盖；

（4）使用羊角滚筒机或推土机；

（5）日覆盖；

（6）当填埋接近防洪堤的顶端时，铺上 0.91 m 厚的碾压了的石灰岩层，并覆上304.8 mm 厚的表土。

图7-6所示操作面的一个典型的横截面。利用一个小的作业面滞留池和一个便携泵将多余的水抽走，而后泵入压力管。压力管随着工作面的扩展而延伸。作业面沿着场地的南半部向东延伸到贮存池，南半部一旦用完，就会启用场地的北半部，从贮存池向西朝搅拌混合厂方向进行。在多雨的天气里大部分的作业面操作都停止，这是因为材质很滑，而且随着混合物的湿度增大，填埋的稳定程度就会降低。这种情况下，污泥和土壤仍然可继续混合，混合后的混合物在遮棚下贮存。但贮存空间只够贮存1天的量，一个紧邻脱水处理设施的遮蔽场地可以贮存脱水污泥1～2天，液态污泥可以贮存5天以上。紧急情况时，污泥可

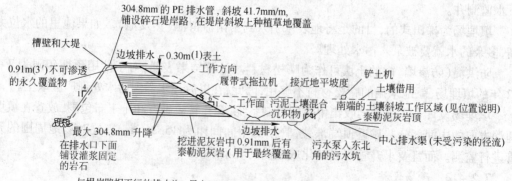

图7-6　密闭区域（防渗区域）典型剖面的作业面——达拉斯南侧污水处理厂

以贮存在紧邻混合厂的一个小的有限的填埋区域内,这种情况下,这些污泥在使用前必须晾干。

填埋结束,进行终场覆盖并堆上表层土后,场地的中心必须隆起,从而使干净的、未受污染的排水快速流过表面。

### 7.2.4.5 装置

装置包括:4 台 9.18 m³ 脱水污泥运输车,1 台 736.6 mm 场地碾压拖车、4 台双轮拖拉机、1 台带有 12.19 m 翼幅的圆盘耙(被拖拉机拖着)、4 台带有注入犁的轨道车、4 台前端装载机、1 台锄耕机、3 台推土机、0.15 m 便携泵、1 台拖拉机、1 台自动倾卸卡车以及 7 台合同承包的倾卸卡车。

### 7.2.4.6 问题

1990 年由私人承包商开始运行以来,填埋场的运行有了很大改善,起初机械是主要的问题,但是在 1991 年 4 月份之前,这些问题都已得到解决。

(1)泥饼泵的可靠性差。将脱水污泥运出厂房的唯一办法是使用 3 个泵。当 2 个泵出现故障时,就无法对污泥进行脱水和填埋。办法:经过几个月的加工,生产泵的厂商明显提高了该种泵的可靠性,另外还将在此基础上为卡车装运加入一个传送装置。

(2)进入混合装置的土壤中含有水分含量高并黏附黏土和淤泥的袋子。办法:土壤经过现场筛滤去除黏土及淤泥结块。若有必要,可实地晾干并贮存在遮蔽处以减少将近 5% 的水分。

(3)许多污泥土壤混合物阻塞了搅拌装置,诸如传送装置和斜道,而且该装置制造商已破产。办法:对斜道进行一些改动,筛分土壤,并使污泥土壤混合比为 1:3～1:2,改善后的操作使运行变得较为可靠。

(4)从泥饼泵出来的脱水污泥黏性更强,比预想的混合要难得多。办法:将土弄得更干一些,并对搅拌装置进行改进(1991 年中期执行),这样可能可以解决问题。

(5)在专用土地填埋场 DLD 的运行中,因为同时要注入黏沙土,因此,注入费用很高。办法:将注入的形式从流态污泥改为脱水污泥。

(6)专用土地处理场排水条件不好,液态注入使得场地更加泥泞,可使用的时间每年少于 120 天。办法:对脱水污泥进行撒布可以减少场地的水分,设置帷幕灌浆防渗墙,并不断抽水,就能减少水位,使得每年的运行超过 200 天。

(7)当返回到脱水装置处时,压碾卡车的履带使得所有厂区的道路到处是泥。办法:在实地清洗卡车从而避免这种情况发生。

### 7.2.4.7 监测

进行监测的原因有两个:运行控制的需要以及许可证的要求。许可证要求对地下水和污泥进行分析测试。场地周围有 12 个地下水监测井,1 个监测井位于场内。这个场内监测井装有 4 个水压计,用来测量填埋场防洪堤内地下水的情况。监测井每季度测一次,分析要求列于表 7-1。

污泥的监测组分如表 7-1 所示,其中水位及总溶解固体 TDS 不必测,但多氯联苯 PCBs 每年必须分析。土地填埋运行控制包括监测污泥和土壤混合物的制备。为了确定填埋场的稳定性以及辅助设置混合物的属性,必须执行表 7-2 中的测试。

**表 7-1　只填污泥填埋场及专用土地处理场监测要求**

| 参　数 | 污　　泥 | | 地　下　水 | | 土　　壤 | |
|---|---|---|---|---|---|---|
| | 单位 | 采样频率 | 单位 | 采样频率 | 单位 | 采样频率 |
| 总　氮 | mg/kg | 每月 | mg/L | 每季 | mg/kg | 每季 |
| $NO_2 - N$ | mg/kg | 每月 | mg/L | 每季 | mg/kg | 每季 |
| $NH_3 - N$ | mg/kg | 每月 | mg/L | 每季 | mg/kg | 每季 |
| P | mg/kg | 每季 | mg/L | 每季 | mg/kg | 2 次/月 |
| K | mg/kg | 每季 | mg/L | 每季 | mg/kg | 2 次/月 |
| Cd | mg/kg | 每季 | mg/L | 每季 | mg/kg | 2 次/月 |
| Pb | mg/kg | 每季 | mg/L | 每季 | mg/kg | 2 次/月 |
| Zn | mg/kg | 每季 | mg/L | 每季 | mg/kg | 2 次/月 |
| Cu | mg/kg | 每季 | mg/L | 每季 | mg/kg | 2 次/月 |
| Ni | mg/kg | 每季 | mg/L | 每季 | mg/kg | 2 次/月 |
| pH 值 | | 每月 | | 每季 | | 每季 |
| 聚-β-羟 T 酸(PHB) | mg/kg | 每年 | mg/L | | mg/kg | 每年 |
| 水　位 | NA | — | 英尺 | 每季 | NA | — |
| 离子交换量 | NA | — | NA | — | meq/100 g | 每季 |

注:NA 表示不适用。

**表 7-2　填埋场运行控制测试**

| 测 试 项 目 | 材　　料 | 测 试 场 所 |
|---|---|---|
| 阿氏稠度极限值 | 土　壤 | 实验室 |
| 标准监督密度 | 混合物 | 实验室 |
| 核密度 | 混合物 | 现　场 |
| 加利福尼亚承载比 | 混合物 | 现　场 |
| 水分含量 | 所　有 | 现　场 |

　　每个气体收集管在终场覆盖后,必须每月使用 1 个便携的可燃气体监测器进行监测。为了识别终场覆盖是否出现裂隙和气体含量是否很高,监测必须增加到每周 1 次。同时还需要一个带风扇的气体主动收集系统。

　　为了了解只填污泥填埋场的使用年限,必须了解所使用的各种土壤材料的体积。因此,必须每季对场地进行调研。使用纵断面和 30.48 m 高的横截面来计算体积,通过对比污泥体积和填埋体积就可以倒算出体积比,从而计算出填埋场剩余的使用年限。

　　在专用土地处理场的运行中,需要记录每个场地使用了多少污泥量,有几个固有的监测井,在专用土地处置区域内每 20.24 hm² 就有 1 个,而且每个井的采样平面高度要求与填埋场监测井相同。在专用土地处理场中,在 152.4 mm,459.2 mm 和 762 mm 深度处,每

8.09 hm² 就要采 1 个样,所需的实验室测试及频率见表 7-1。

### 7.2.4.8 成本

建设费用为 10500000 美元,假设总的污泥处置量为 567907.2 t 干物质重,则资产成本(按干物质重计)为 18.49 美元/t。如果要求土壤和污泥的混合比增大,填埋体积就会减少,从而成本相应增加。目前土地处理及维护的成本(按干污泥计)大约为 71.65 美元/t,不包括资产、土地和脱水成本。

# 参 考 文 献

[ 1 ] 王罗春,赵由才,陆雍森. 城市生活垃圾填埋场稳定化影响因素概述[ J ]. 上海环境科学,2000,19 (6):292～295.

[ 2 ] Magnuson A. Landfill closure:End uses[ J ]. MSW Management,1999,9(5):1～8.

[ 3 ] Conrad L G. A Canadian prospective—Use of the Britannia sanitary landfill site as a golf course[ R ]. Proc. 5th Annual Landfill Symp. ,Solid Waste Association of North America,Austin,Tex. ,2000:73～79.

[ 4 ] James O,Leckie,John G Pacey. Constantine halvadakis landfill management with moisture control[ J ]. Journal of the Environmental Engineering Division,1979,105( EE2):337～355.

[ 5 ] Iglesias Jimenez E,Poveda E,Sanchez Martin M J,et al. Effect of the nature of exogenous organic matter on pesticide sorption by the soil[ J ]. Archives of Environmental Contamination and Toxicology,1997,33(2): 117～124.

[ 6 ] Garcia C,Hernandez T,Costa F,et al. Phytotoxicity due to the agricultural use of urban wastes:Germination experiments[ J ]. Journal of the Science of Food and Agriculture,1992,59(3),313～319.

[ 7 ] Vesilind P A. Treatment and disposal of wastewater sludges[ M ]. Ann Arbor Science Publishers,Inc. ,Ann Arbor,Mich,1979.

[ 8 ] Bruce A M,Fisher W J. Sludge stabilization-methods and measurements[ M ]//Bruce A M. Sewage sludge stabilization and disinfection. United Kingdom:Ellis Horwood,Ltd. ,Chichester,1984.

[ 9 ] Bruce A M. Assessment of sludge stability[ M ]//Casey T J. Methods of characterization of sewage sludge. The Netherlands:Reidel,Dordrecht,1984:131～143.

[ 10 ] Krishnamoorthy R. Evaluation of parameters to measure sludge aerobic stabilization[ D ]. Dept. of Agr. Engrg. ,Cornell Univ. ,Ithaca,N. Y. 1987.

[ 11 ] Smidt E,Lechner P,Schwanninger M,et al. Characterization of waste organic matter by FT-IR spectroscopy-application in waste science[ J ]. Applied Spectroscopy,2002,56(9):1170～1175.

[ 12 ] Smidt E,Eckhardt K U,Lechner P,et al. Characterization of different decomposition stages of biowaste using FT-IR spectroscopy and pyrolysis-field ionization mass spectrometry[ J ]. Biodegradation,2005,16 (1):67～79.

[ 13 ] Smidt E,Schwanninger M. Characterization of waste materials using FTIR spectroscopy:Process monitoring and quality assessment[ J ]. Spectroscopy Letters,2005,38(3):247～270.

[ 14 ] Hsu J H,Lo S L. Chemical and spectroscopic analysis of organic matter transformations during composting of pig manure[ J ]. Environmental Pollution,1999,104(2):189～196.

[ 15 ] Bochove van E,Couillard D,Schnitzer M,et al. Pyrolysis-field ionization mass spectrometry of the four phases of cow manure composting[ J ]. Soil Science Society of America Journal, 1996, 60 ( 6 ): 1781～1786.

[ 16 ] Chen Y. Nuclear magnetic resonance,infrared and pyrolysis:application of spectroscopic methodologies to maturity determination of composts[ J ]. Compost Science & Utilization,2003,11(2):152～168.

[ 17 ] Smidt E,Eignung der. FT-IR Spektroskopie zur Charakterisierung der organischen Substanz in Abfällen [ D ]. University of Agricultural Sciences,Inst. of Waste Management,Vienna,Austria,2001.

[ 18 ] Zbytniewski R,Buszewski B. Characterization of natural organic matter ( NOM ) derived from sewage sludge compost. Part 1:chemical and spectroscopic properties[ J ]. Bioresource Technology,2005,96(4): 471～478.

[ 19 ] Dell' Abate M T,Canali S,Trinchera A,et al. Evaluation of the stability of organic matter in composts by means of humification parameters and thermal analysis[ R ]. In:Drozd J et al. ( Eds) The Role of Humic

Substances in the Ecosystems and Environmental Protection,1997:842~846.

[20] Dell' Abate M T,Benedetti A,Sequi P. Thermal methods of organic matter maturation monitoring during a composting process[J]. Journal of Thermal Analysis and Calorimetry,2000,61(2):389~396.

[21] Otero M,Calvo L F,Estrada B,et al. Thermogravimetry as a technique for establishing the stabilization progress of sludge from wastewater treatment plants[J]. Thermochimica Acta,2002,389(1~2):121~132.

[22] Veeken A,Nierop K,de Wilde V,et al. Characterization of NaOH-extracted humic acids during composting of a biowaste[J]. Bioresource Technology,2000,72(1):33~41.

[23] Drozd J,Jamroz E,Licznar M,et al. Organic matter transformation and humic indices of compost maturity stage during composting of municipal solid wastes[R]. Proceedings of the 8th Meeting of the IHSS:The Role of Humic Substances in the Ecosystems and in Environmental Protection, Wrocaw, Poland, 1997: 855~863.

[24] Adani F,Genevini P L,Tambone F. A new index of organic matter stability[J]. Compost Science and Utilization,1995,3(2):25~37.

[25] Zufiaurre R,Olivar A,Chamorro P,et al. Speciation of metals in sewage sludge for agricultural uses[J]. Analyst,1998,123(2):255~259.

[26] Beltrami M,Rossi D,Baudo R. Phytotoxicity assessment of lake orta sediments[J]. Aquatic Ecosystem Health & Management,1999,2(4):391~401.

[27] Wang W,Keturi P H. Comparative seed germination tests using ten plant species for toxicity assessment of a metal engraving effluent sample[J]. Water Air and Soil Pollution,1990,52(3~4):369~376.

[28] Fuentes A,Lorens M,Saez J,et al. Phytotoxicity and heavy metals speciation of stabilised sewage sludges [J]. Journal of Hazardous Materials,2004,108(3):161~169.

[29] Pohland F G. Sanitary landfill stabilization with leachate recycle and residual treatment [J]. U. S Environmental Protection Agency,Cincinnati Ohio 1975,EPA-600/2-75-043.

[30] Reinhart D R,McCreanor P T,Townsend T. The bioreactor landfill:its status and future[J]. Waste Management & Research,2002,20:172~186.

[31] Towsend T G,Miller W L,Lee I I,et al. Acceleration of landfill stabilization using leachate recycle[J]. Journal of Environmental Engineering,1996,122(4):263~268.

[32] Pohland F G,Yousfi B. Design and operation of landfills for optimum stabilization and biogas production [J]. Water Science and Technology,1994,30(12):117~124.

[33] Reinhart D R,Townsend T G. Landfill bioreactor Design and operation[M]. CRC Press LLC,1998.

[34] 樋口壮太郎. 废弃物最终处置场地计划和建设[M]. 上海:同济大学出版社,2000.

[35] 曹霞,刘丹. 对城市生活垃圾填埋处置技术的思考[J]. 四川环境,2004,23(3):60~63.

[36] Kim Y,Yang G. A novel design for anaerobic chemical oxygen demand and nitrogen removal from leachate in a semiaerobic landfill[J]. Journal of the Air & Waste Management Association,2002,52(10):1139~1152.

[37] Anderson G K,Yang G. Determination of bicarbonate and total volatile acid concentration in anaerobic digesters using a simple titration[J]. Water Environment Research. 1992,64(1):53~59.

[38] Speece R E. Anaerobic biotechnology for industrial wastewater[M]. Nashville,Tennessee,USA:Archae Press,1996:222~226.

[39] Hamzawi N,Kennedy K J,McLean D D. Anaerobic digestion of co-mingled municipal solid waste and sewage sludge[J]. Water Science and Technology,1998,38(2):127~132.

[40] Pacey J G. Landfill gas enhancement management[M]. Washington:USEPA 1995:175~183.

[41] 丁立强,胡伟,徐泽,等. 添加剂对污泥填埋渗滤液性质影响研究[J]. 环境卫生工程,2005,13(1):

10 ~ 13.

[42] 朱青山,赵由才,赵爱华,等. 添加物对填埋场稳定化时间的影响[J]. 城市环境与城市生态,1996, 9(2):19 ~ 21.

[43] 朱青山,赵由才,徐迪民. 垃圾填埋场中垃圾降解与稳定化模拟试验[J]. 同济大学学报:自然科学版,1996,24(5):597 ~ 600.

[44] Warith M. Bioreactor landfills:experimental and field results[J]. Waste Management,2002,22(1): 7 ~ 17.

[45] Vavilin V A,Rytov S V,Lokshina L Y,et al. Distributed model of solid waste anaerobic digestion[J]. Biotechnology and Bioengineering,2003,81(1):66 ~ 73.

[46] Martin D J. A novel mathematical model of solid-state digestion [J]. Biotechnology Letters,2000,22(1): 91 ~ 94.

[47] Pohland F G,Kim J C. In situ anaerobic treatment of leachate in landfill bioreactors[J]. Water Science and Technology,1999,40(8):203 ~ 210.

[48] Townsend T G,Miller W L,Lee H J,et al. Acceleration of landfill stabilization using leachate recycle[J]. Journal of Environmental Engineering-ASCE,1996,122(4):263 ~ 268.

[49] 邵立明,何品晶,张晓星,等. 添加污泥对渗滤液循环垃圾填埋层甲烷产生的影响[J]. 上海交通大学学报,2005,39(5):840 ~ 844.

[50] Pohland F G. Landfill recycle as landfill management operation[J]. Journal of the Environmental Engineering Division,1980,106(EE6):1057 ~ 1069.

[51] Tittlebaum M E. Organic carbon content stabilization through landfill leachate recirculation[J]. Journal of Water Pollution Control Federation,1982,54(5):428 ~ 433.

[52] Yazdani R,Augensein D,Pacey J. U. S. EPA Project X T:Yolo county's accelerated anaerobic and aerobic composting project [A]. In:Proceedings of California Intergrated Waste Management Board Symposium on Landfill Gas Assessment and Management [C]. LA,CA. U. S. A. 2000.

[53] Onay T T. Poho land F G1 In situ nitrogen management in controlled bio reactor landfills [J]. Water Research,1998,32(5):1383 ~ 1392.

[54] 何若,沈东升,方程冉. 生物反应器填埋场系统的特性研究[J]. 环境科学学报,2001,21(6): 99 ~ 102.

[55] 何若,沈东升. 生物反应器-填埋场处理渗滤液的试验[J]. 环境科学,2001,22(6):763 ~ 767.

[56] Chugh S,Chynoweth D P,Clarke W,et al. Degradation of unsorted municipal solid waste by a leach-bed process [J]. Bio-resource Technology,1999,69(1):103 ~ 115.

[57] Pohland F G. Landfill Bioreactors:Historical Perspective,Fundamental Principle,and New Horizons in Design and Operations[R]. In:Seminar Publication:Landfill Bioreactor Design and Operation,Wilmington DE,1995,Washington:US Environmental Protection Agency,1995:9 ~ 24.

[58] Magnuson A. Landfill closure:End uses[J]. MSW Management,1999,9(5):1 ~ 8.

[59] Conrad L G. A Canadian prospective—Use of the Britannia sanitary landfill site as a golf course. Proc. 5th Annual Landfill Symp. ,Solid Waste Association of North America,Austin,Tex. ,2000:73 ~ 79.

[60] Zimmie Thomas F,Moo-Young Horace K. Hydraulic conductivity of paper sludges used for landfill covers [J]. Geotechnical Special Publication,1995,46:932 ~ 946.

[61] Moo-Young Horace K Jr,Zimmie Thomas F. Effects of freezing and thawing on the hydraulic conductivity of paper mill sludges used as landfill covers[J]. Canadian Geotechnical Journal,1996,33(5):783 ~ 792.

[62] Zimmie Thomas F,Quiroz Juan D,Moo-Young Horace K Jr. Paper mill sludge applications in geotechnical construction[C]. Hazardous and Industrial Wastes-Proceedings of the Mid-Atlantic Industrial Waste Con-

ference,1999,551~560.

[63] Quiroz Juan D,Zimmie Thomas F. Paper mill sludge landfill cover construction[J]. Geotechnical Special Publication,n 79,Recycled Materials in Geotechnical Applications,1998,19~36.

[64] Quiroz Juan D,Simpson Pickett T,Zimmie Thomas F. Evaluation of paper sludge landfill cover settlement [J]. Geotechnical Special Publication,2000,105:16~31.

[65] Moo-Young Horace K Jr,Zimmie Thomas F. Waste Minimization and Re-use of Paper Sludges in Landfill Covers:a Case Study [J]. Waste Management & Research,1997,15:593~605.

[66] Quiroz Juan D. Shear strength,slope stability and consolidation behavior of paper mill sludge landfill covers [M]. Rensselaer Polytechnic Institute. USA,2000. 5.

[67] Otte-Witte R. Influence on the Mechanical Preoperties of Sewage Sludge for Disposal to Landfill[R]. European Water Pollution Control Association,1990,307~324.

[68] Knut Wichmannn,Andreas Riehl. Mechanical properties of waterwork sludges-shear Strength [J]. Wat. Sci. Tech. 1997,36(11):43~50.

[69] Debra R Reinhart,Manoj B Chopra, et al. Design and Operational Issues Related to the Co-Disposal of Sludges and Biosolids in Class I Landfills[R]0132010-03.

[70] 赵乐军,戴树桂,等. 掺添加剂改善脱水污泥填埋特性研究[J]. 中国给水排水,2005,21(2):47~49.

[71] 张鹏,吴志超,陈绍伟,等. 污水厂污泥作填埋场覆盖材料的试验研究[J]. 环境科学研究,2002,15(2):45~47.

[72] 陈绍伟,吴志超,张鹏,等. 自来水厂污泥作填埋场覆盖材料的试验研究[J]. 环境污染治理技术与设备,2002,3(1):23~26.

[73] 秦峰,陈善平,吴志超,等. 苏州河疏浚污泥作填埋场封场覆土的实验研究[J]. 上海环境科学,2002,21(3):163~165.

[74] 赵爱华. 老港填埋场终场规划及覆盖材料应用研究[D]. 上海:同济大学,2001,3.

[75] 赵乐军,戴树桂,辜显华. 污泥填埋技术应用进展[J]. 中国给水排水,2004,20(4):27~30.

[76] Klein Arieh,Sarsby Robert W. Problems in defining the geotechnical behaviour of wastewater sludges[J]. ASTM Special Technical Publication,2000,1374:74~87.

[77] Irene M C Lo,Zhou W W,Lee K M. Geotechnical characterition of dewatered sewage for landfill disposal [J]. Canada Geotech. January. 2002,39:1139~1149.

[78] U. S. EPA. Biosolids Technology Fact Sheet:Alkaline Stabilization of Biosolids. EPA 832-F-00-052. September 2000.

[79] Valls S,Vàzquez E. Leaching properties of stabilised/solidified cement-admixtures-sewage sludges systems [J]. Waste Management 2002,22(1):37~45.

[80] Valls S,Vàzquez E. Stabilisation and solidification of sewage sludges with Portland cement[J]. Cement and Concrete Research. 2000,30 (10):1671~1678.

[81] Beeghly J H. Roller compacted base course construction using lime stabilized fly ash and flue gas desulfurization sludge byproduct[J]. Fuel and Energy Abstracts 1996,37(6):425.

[82] Lim Sungjin,Jeon Wangi,Lee Jaebok, et al. Engineering properties of water/wastewater-treatment sludge modified by hydrated lime,fly ash and loess[J]. Water Research. 2002,36(17):4177~4184.

[83] Lee K,Cho J,Salgado R,et al. Engineering properties of wastewater treatment sludge modified by hydrated lime and fly ash[J]. Journal of Solid Waste Technology and Management,2002,28(3):145~153.

[84] Jean Benoit T,Taylor Eighmy,Bradley S Crannell. Landfilling ash/sludge mixtures[J]. Journal of Geotechnical and Geoenvironmental Engineering,1999,125(10):877~888.

［85］ 杨石飞,辛伟. 改性污泥作填埋场覆盖材料室内试验研究［J］. 上海地质,2004,(3):19～23.

［86］ Koenig J N,Key I M Wan. Physical properties of dewatered wastewater sludge for landfilling［J］. Water Science and Technology,1996,34(3～4):533～540.

［87］ Koenig Q H Bari. Vane shear strength of dewatered sludge from Hong Kong［J］. Water Science and Technology,2001,44(2～3):389～397.

［88］ 张华. 污泥改性及其在填埋场中的稳定化过程研究［D］. 上海:同济大学,2007,9.

［89］ 朱英. 卫生填埋场中污泥降解与稳定化过程研究［D］. 上海:同济大学,2008,9.

# 冶金工业出版社部分图书推荐

| 书　　名 | 作　　者 | 定价（元） |
|---|---|---|
| 湿法冶金污染控制技术 | 赵由才　牛冬杰 | 38.00 |
| 矿山固体废物处理与资源化 | 蒋家超　招国栋　赵由才 | 26.00 |
| 冶金过程固体废物处理与资源化 | 李鸿江　刘　清　赵由才 | 39.00 |
| 冶金过程废水处理与利用 | 钱小青　葛丽英　赵由才 | 30.00 |
| 冶金企业污染土壤和地下水整治与修复 | 孙英杰　孙晓杰　赵由才 | 29.00 |
| 冶金过程废气污染控制与资源化 | 唐　平　曹先艳　赵由才 | 40.00 |
| 冶金企业废弃生产设备设施处理与利用 | 宋立杰　赵由才 | 36.00 |
| 城市生活垃圾智能管理 | 王　华　毕贵红　李　劲 | 48.00 |
| 城市生活垃圾直接气化熔融焚烧过程控制 | 王海瑞 | 20.00 |
| 城市生活垃圾直接气化熔融焚烧技术基础 | 胡建杭 | 19.00 |
| 工业废水处理工程实例 | 张学洪 | 28.00 |
| 钢铁工业废水资源回用技术与应用 | 王绍文 | 68.00 |
| 焦化废水无害化处理与回用技术 | 王绍文 | 28.00 |
| 电炉炼钢除尘与节能技术问答 | 沈　仁　华伟明　沈　曙 | 29.00 |
| 袋式除尘技术 | 张殿印　王　纯　俞非漉 | 125.00 |
| 烟尘纤维过滤理论、技术及应用 | 向晓东 | 45.00 |
| 环境工程微生物学 | 林　海 | 45.00 |
| 医疗废物焚烧技术基础 | 王　华 | 18.00 |
| 二恶英零排放化城市生活垃圾焚烧技术 | 王　华 | 15.00 |
| 燃煤汞污染及其控制 | 王立刚　刘柏谦 | 19.00 |
| 固体废物污染控制原理与资源化技术 | 徐晓军　管锡君　羊依金 | 39.00 |
| 环境污染控制工程 | 王守信　郭亚兵 | 49.00 |
| 焦炉煤气净化操作技术 | 高建业 | 30.00 |
| 环境保护及其法规（第2版） | 任效乾　王荣祥 | 45.00 |
| 物理污染控制工程 | 杜翠凤　宋　波　蒋仲安 | 30.00 |
| 环境生化检验 | 王瑞芬 | 18.00 |
| 环境噪声控制 | 李家华 | 19.80 |